The Story of Codes
암호의 모든 것

The Story of Codes
암호의
모든 것
스티븐 핀콕 & 마크 프러리 지음
김경미 옮김
사람의무늬

Conceived and produced by
Elwin Street Productions Limited
14 Clerkenwell Green
London EC1R 0DP

암호의 모든 것
The Story of Codes

1판 1쇄 인쇄 2020년 9월 23일
1판 1쇄 발행 2020년 10월 7일

지은이 스티븐 핀콕·마크 프러리
옮긴이 김경미
펴낸이 신동렬
책임편집 구남희
편집 현상철·신철호
디자인 심심거리프레스
마케팅 박정수·김지현

펴낸곳 성균관대학교 출판부
등록 1975년 5월 21일 제1975-9호
주소 03063 서울특별시 종로구 성균관로 25-2
전화 02)760-1253~4
팩스 02)760-7452
홈페이지 http://press.skku.edu/

ISBN 979-11-5550-414-7 03400

잘못된 책은 구입한 곳에서 교환해 드립니다.

맞은편 크레타섬에서 발견된 파이스토스 원반. 수수께끼 같은 문양으로 고고학에서 가장 유명한 미스터리 중 하나가 되었다.

차례

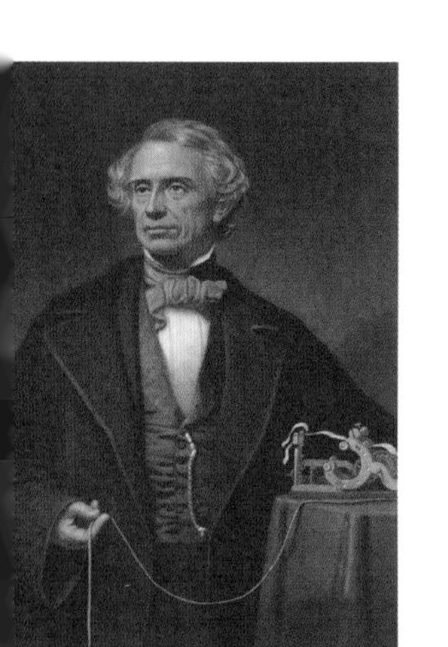

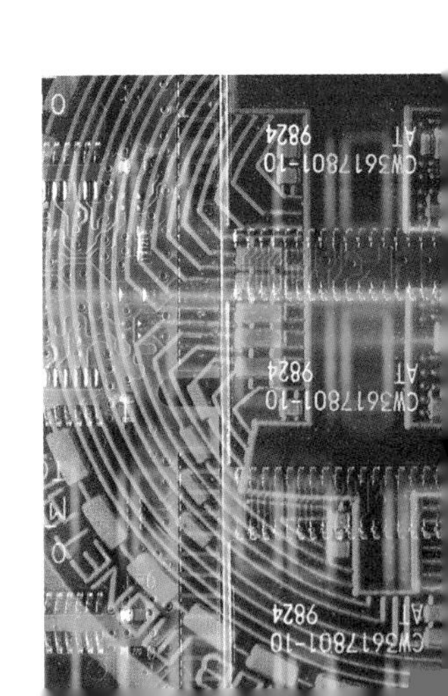

서문

현대 세계에서 우리를 둘러싼 전파는 디지털 암호로 가득 차 있다. 휴대폰으로 통화를 할 때마다, 케이블 텔레비전 채널을 볼 때마다, 온라인 뱅킹을 할 때마다, 우리는 타인이 엿듣거나 엿보지 못하도록 정교한 형식의 컴퓨터 암호화에 의존한다.

그러나 암호가 현대에만 존재하는 것은 아니다. 지난 2,000여 년 동안 코드(Codes)와 사이퍼(Ciphers)는 정치에서, 유혈이 낭자한 전쟁터에서, 암살에서, 범죄와의 전쟁에서 중대하고 결정적인 역할을 해 왔다. 비밀리에 전달된 메시지로 인해 전쟁의 승패가 결정되었고, 제국이 건설되거나 멸망하였으며, 개인의 삶은 전성기를 맞거나 파국을 맞았다. 이처럼 너무나 많은 것이 달려 있기에, 암호작성가(코드나 사이퍼로 메시지의 의미를 숨기려는 사람)들과 암호 분석가(코드와 사이퍼를 푸는 것이 목표인 수단 좋고 영리한 암호 해독가)들 사이에 치열한 공방이 끊이지 않는 것은 너무나 당연하다.

암호작성가들이 새로운 코드나 사이퍼를 개발할 때마다 암호 분석가들은 암흑에 휩싸인다. 그때까지 쉽게 해독되던 암호 메시지들이 갑자기 미지의 영역이 되기 때문이다. 하지만 싸움은 결코 끝난 게 아니다. 집요하게 버텨서든, 번뜩이는 영감에 의해서든, 암호 분석가들은 마침내 비집고 들어갈 틈새를 발견하고, 비밀 메시지가 한 번 더 밝혀질 때까지 부단히 노력한다.

암호 분석가라는 직업에 뛰어든 우수한 인재들이 보여준 일련의 특성을 보면, 어렵고 위험하기까지 한 그들의 일에 안성맞춤이다. 무엇보다, 그들은 놀라우리만치 독창적인 사고를 한다. 역사상 가장 훌륭한 암호 분석가 중 한 명으로, 제2차 세계대전의 흐름을 바꾸는 데 한몫한 영국의 수학자 앨런 튜링은 당대 가장 독창적인 사상가 중 하나였다. 성공한 암호 분석가들은 동기도 분명하다. 다시 말해, 비밀만큼 인간의 마음을 사로잡는 것은 없어서, 어떤 암호 해독가들에게는 암호 해독에 쏟는 노력 그 자체로 충분한 동기 부여가 된다. 물론 애국심, 복수, 탐욕, 지식에 대한 갈망과 같은 다른 동기도 있다.

코드와 사이퍼를 해독하려면, 한때의 관심 이상이 필요하다. 율리우스 카이사르가 즐겨 썼던 초기의 알파벳 이동 사이퍼는 이제 유치할 정도로 단순해 보이지만, 당시에 카이사르의 암호 메시지를 풀려면 엄청난 끈기가 필요했다. 실제로 대다수의 암호 해독가 지망생들은 암호가 풀리지 않는 상황에서 끈기 있게 버티지 못한다.

속도 역시 암호 해독의 핵심이다. 많은 코드와 사이퍼가 해독 가능하겠지만, 이는 해독할 시간이 충분할 때만 그렇다. RSA 암호가 전형적인 예다. RSA 암호는 두 개의 소수를 곱하는 것은 금방 끝나지만, 특정 수를 소인수 분해하는 것은 컴퓨터를 이용해도 아주 오랜 시간이 걸린다는 점에 기반하고 있다.

암호 해독가들에게는 비전 또한 필요하다. 그들은 대개 공무나 범죄에 관련된 비밀을 엄수해야 하며 민감한 업무의 특성상 단독으로 일해야 할 때가 많다. 최종 목표에 대한 비전이 없으면 암호 분석가들의 일은 쓸데없고 무의미해진다.

이 책은 암호의 개발과 해독이 때때로 역사의 흐름을 어떻게 바꾸었는지 하나씩 보여준다. 암호가 우리의 상상력을 강력하게 사로잡는 것은 당연하며, 암호가 등장하는 소설이 성공하고, 텔레비전과 영화에 암호 해독가들이 계속해서 등장하는 이유가 무엇인지 이 책을 통해 알 수 있다. 현실이 그러한 가상 세계와 정확히 일치하지는 않지만, 암호학—특히 암호 분석—의 실제 역사는 스릴러 작가가 꾸며낼 수 있는 그 어떤 상황보다도 기묘하다. 이어지는 1장에서 독자들은 암호 해독가들이 실제로 얼마나 남다른지 알게 될 것이다. 더불어 역사상 가장 흥미로운 인물 가운데 일부를 만나고, 암호 해독가의 무기가 되는 기본적인 기술을 이해하게 될 것이다.

제1장

독창성

고대 이집트에서 스코틀랜드 메리 여왕에 이르기까지,
성과 종교의 코드.
단순 치환· 전치 · 빈도 분석.

비밀이 없는 사회는 상상하기 어렵다. 음모, 계략, 정치적 모략, 전쟁, 상업적 이익, 정사(情事)가 존재하지 않는 사회가 있을까. 그런 의미로 비밀 메시지와 암호문의 역사가 세계에서 가장 오래된 일부 문명까지 거슬러 올라가는 것은 놀라운 일이 아니다.

암호학(cryptography, 암호화 기법)의 기원은 거의 4,000년 전인 고대 이집트로 거슬러 올라간다. 위대한 기념비에 역사를 새긴 서기관들이 상형 문자의 용도와 목적을 교묘하게 바꾸어 새기기 시작한 것이다. 이들이 상형 문자를 변형시킨 목적은 자신들의 말뜻을 숨기기 위해서는 아니었을 것이다. 그보다는 기념비 앞을 지나가는 사람들의 궁금증을 자아내거나 즐겁게 하기 위해, 또는 종교적인 글귀가 주는 신비롭고 불가사의한 느낌을 더하기 위해서였을 것이다. 그러나 이를 계기로 변형된 상형 문자는 이후 천년을 거치며 진화한 실제 크립토그래피(암호학)의 예시가 되었다.

암호문이라는 수단을 개발한 것은 이집트인만이 아니었다. 예를 들어, 메소포타미아에서는 이 기술을 다른 직업군에서 사용하였다. 현재 바그다드에서 30km 정도 떨어진 티그리스강 유역 레우키아 유적지에서 발견된 작은 서판이 그 증거다. 기원전 1500년경 제작된 포켓 크기

맞은편 크립토그래피의 기원은 이집트의 상형 문자에서 찾을 수 있다.

의 이 서판에는 도자기 유약을 만드는 방법이 암호화되어 있다. 이를 기술한 사람은 공통 음가를 최소화한 —특이한 자음과 모음으로 된— 설형 문자를 사용하여 소중한 영업 기밀을 지키고자 했던 것 같다.

바빌로니아인과 아시리아인, 그리스인 또한 메시지의 의미를 숨길 수 있는 자신들만의 수단을 개발했다. 로마제국 시대에는 특정 암호화 방식에 자신의 이름을 영구히 남긴 매우 중요한 역사적 인물이 최초로 등장했다. 바로 율리우스 카이사르다.

카이사르의 암호문

카이사르는 고대 로마에서 가장 유명한 통치자로 기억된다. 장군으로서는 용감무쌍했고, 정치가로서는 타고난 명석함으로 적들을 압도했으며, 남성으로서는 화려한 패션 감각과 걷잡을 수 없을 정도의 성적 욕구를 겸비한 인물이었다. 카이사르는 똑똑했고, 용감했으며, 냉혹했다. 이는 모두 성공적인 암호 해독가가 지녀야 할 훌륭한 자질들이다.

카이사르는 전쟁 회고록 『갈리아 전쟁』에서, 전시의 중요한 메시지가 적의 손에 들어갈 경우를 대비해 그 의미를 교묘하게 감추는 방법에 대해 설명하고 있다. 로마군이 현재 프랑스, 벨기에, 스위스가 위치한 지역의 군대를 상대로 전쟁을 하던 시기, 카이사르의 집정관인 키케로가 적에게 포위되어 항복을 목전에 두고 있을 때였다. 지원군이 곧 도착할 것이라는 내용을 적들 모르게 키케로에게 알리고 싶었던 카이사르는 전령을 통해 그리스 문자를 사용한 라틴어 편지를 보냈다. 전령은 키케로의 막사에 들어갈 수 없으면 창에 편지를 묶어 요새 안으로 던지라는 명을 받았다.

'갈리아인은 지시대로 창을 던졌다.' 카이사르는 회상했다. '그런데 창이 망루에 단단히 꽂히는 바람에 이틀 동안 우리 군대가 그 창을 보지 못했다. 그러던 셋째 날, 한 군인이 창을 발견하여 키케로에게 가져다주었다. 편지를 읽은 키케로가 열병식에서 그 내용을 낭독해 주었더니 모두가 기뻐해 마지않았다.'

고대 로마인들은 카이사르가 암호문을 사용했다는 사실을 잘 알고 있었다. 역사가 수에토니우스 트란퀼리우스(Suetonius Tranquillus)가 카이사르 사후 100년이 지나 기술한 전기에 따르면, 카이사르는 비밀리에 할 말이 있으면 '그것을 사이퍼로 작성했다'고 한다.

사이퍼와 코드의 결정적인 특징

트란퀼리우스가 '사이퍼'라는 단어를 사용한 것에 주목할 필요가 있다. 우리는 '사이퍼'와 '코드'를 혼용하는 경향이 있지만, 사실 두 단어 사이에는 몇 가지 중요한 차이점이 있다.

본질적인 차이는 다음과 같다. '사이퍼'는 메시지의 각 문자를 다른 기호로 대체하여 메시지의 의미를 위장하는 방식이다. 반면에 '코드'는 문자보다는 의미에 중점을 둔다. 코드북에 담긴 목록에 따라 전체 단어나 문구를 대체하는 식이다.

코드와 사이퍼의 또 다른 차이점은 유연성의 정도에 있다. 코드는 고정적이어서, 코드북 속의 단어와 문구에 의존하여 메시지의 의미를 숨긴다. 가령, 숫자 '5487'이 '공격'이라는 단어를 대신한다고 코드북에 명시된 경우, 메시지에 '공격'이 쓰일 때마다 코드 버전에는 '5487'이라는 코드군이 포함될 것이다. 만약 코드북이 '공격'을 코드화하는 옵션을 몇 가지 가지고 있더라도, 그 변수는 제한적일 것이다.

반면에 사이퍼는 본질적으로 좀 더 유연하다. '공격' 같은 단어를 암호화하는 방법은 메시지 속 단어의 위치와 해당 사이퍼 시스템의 규칙에 따라 규정된 수많은 변수에 의존할 수 있다. 이는 하나의 메시지 속 같은 문자, 단어, 문구라도 각각의 위치에서 완전히 다른 방식으로 암호화될 수 있다는 것을 의미한다.

모든 사이퍼 시스템을 통틀어, 메시지를 암호화하는 일반적인 규칙을 '알고리즘'이라고 한다. 키(key, 암호화를 위한 비밀 값)는 특정 상황에서 암호화의 세부 사항이 된다.

위 기원전 5세기의 학자이자 역사가인 할리카르나소스의 헤로도토스는 저서 『역사』에서 스테가노그래피의 초기 사례를 언급한다.

암호문

크립토그래피에 정통했던 그리스인들은 스테가노그래피(steganography)라는 또 다른 형태의 암호문을 사용했다. 크립토그래피는 메시지의 의미를 위장하지만, 스테가노그래피는 메시지가 있다는 사실 자체를 숨긴다.

역사의 아버지로 불리기도 하는 헤로도토스(Herodotus)는 저서 『역사(Histories)』에서 스테가노그래피의 사례 몇 가지를 소개한다. 그 중에 하르파고스라는 귀족에 관한 이야기가 있다. 그는 자신을 속여 아들의 인육을 먹게 만든 메디아의 왕에게 복수를 다짐한 인물이다. 하르파고스는 죽은 토끼 몸속에 메시지를 숨겨 사냥꾼으로 변장한 전령에게 맡긴 후 이를 미래의 잠재적 동맹국에 전달하게 한다. 메시지가 전달되자 동맹이 맺어졌으며 메디아의 왕은 타도되었다.

노예들의 비밀

그리스인들은 메시지가 발각되지 않도록 밀랍으로 코팅된 서판(종이를 구하기 어려운 시기, 나무 서판을 밀랍으로 코팅해 글을 쓴 후, 지우고 새로 쓰려면 밀랍을 녹인 다음 새로 굳혀서 썼다-역주)의 밀랍 아래에 메시지를 숨기기도 했다. 다소 섬뜩한 방법도 있었다. 노예의 머리를 삭발하여 두상에 메시지를 문신처럼 새겨넣는 것이다. 그리고 불쌍한 노예의 머리가 다시 자라면 패혈증으로 죽지 않을 것이라 판단하고 직접 메시지를 전달하도록 보냈다. 그렇게 전령이 도착하면 지정된 수신자는 그의 머리를 다시 밀고 메시지를 읽었다.

삭발한 노예를 이용하여 메시지를 몰래 전달하는 방법에는 명백한 단점이 있다. 일단 시간이 오래 걸린다는 점이다. 그러나 스테가노그래피는 현대에도 살아남았으며 스파이들로부터 큰 사랑을 받아왔다. 실제로, 스테가노그래피의 종류는 크립토그래피 만큼이나 다양하다. 그 안에는 스파이들이 시대를 거치며 사용해 온 은현 잉크(투명 잉크)부터 디지털 이미지나 음악 파일에 데이터를 감추는 교묘한 현대 과학기술까지 포함된다.

그리스인들은 암호문의 전문가였던 것 같다. 가령, 역사가 폴리비오스(Polybius)가 만든 시스템은 현대에까지 그 맥을 이어왔다(90쪽 참조). 그리스인들은 폴리비오스 암호표로 불리는 이 방식을 통해 횃불 신호를 보냈을지도 모른다. 왼손에 횃불 두 개, 오른손에 횃불 한 개를 들고 있으면 문자 'b'를 의미하는 식으로 말이다. 이 방법은 훗날 한층 복잡한 암호의 기본

위 스키테일의 원리를 자세히 설명한 서기 46–127년경 그리스의 역사가이자 전기작가, 저술가인 메스트리오스 플루타르코스(Mestrius Plutarchus).

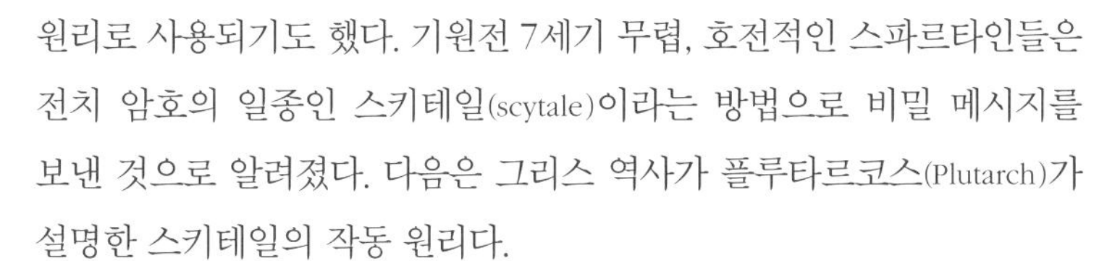

원리로 사용되기도 했다. 기원전 7세기 무렵, 호전적인 스파르타인들은 전치 암호의 일종인 스키테일(scytale)이라는 방법으로 비밀 메시지를 보낸 것으로 알려졌다. 다음은 그리스 역사가 플루타르코스(Plutarch)가 설명한 스키테일의 작동 원리다.

> (통치자가) 제독이나 장군을 파견할 때, 길이와 두께가 정확히 일치하는 두 개의 원형 막대를 만들어, 하나는 자신이 보관하고 다른 하나는 사절에게 준다. 이 막대가 스키테일이다. 이후, 비밀 메시지를 보낼 때마다 가죽끈처럼 폭이 좁고 긴 양피지 두루마리를 만들어 스키테일 표면을 여백 없이 감고 그 위에 원하는 메시지를 적는다. 그리고 양피지만 풀어 지휘관(제독 또는 장군)에게 보낸다. 양피지 두루마리를 받은 사령관은 그것만으로는 아무것도 이해할 수가 없다. 이를 받은 지휘관은 자신의 스키테일에 그 양피지를 감아 메시지의 의미를 파악한다(스키테일에서 끌어낸 양피지에는 문자들이 뒤죽박죽 적혀 있기 때문이다.

코드 분석
치환 암호

폴리비오스는 5×5 격자에 알파벳을 나열하고(i와 j는 당시 호환해서 사용했으므로 칸 하나를 공유) 각 행과 열에 1부터 5까지의 숫자를 할당했다.

	1	2	3	4	5
1	a	b	c	d	e
2	f	g	h	i/j	k
3	l	m	n	o	p
4	q	r	s	t	u
5	v	w	x	y	z

이렇게 하면 각 알파벳을 두 개의 숫자로 나타낼 수 있다. 예를 들어, c는 13이고 m은 32가 된다.

카이사르 이동 암호

평문	a	b	c	d	e	f	g	h	i	j	k	l	m	n	o	p	q	r	s	t	u	v	w	x	y	z
사이퍼	E	F	G	H	I	J	K	L	M	N	O	P	Q	R	S	T	U	V	W	X	Y	Z	A	B	C	D

카이사르 이동과 같은 사이퍼, 즉 메시지의 문자가 다른 문자(또는 기호)로 대체되는 경우를 치환 암호라고 부른다. 카이사르는 문자를 오른쪽으로 세 자리 이동시키는 방법으로 비밀을 숨겼다. 그러나 문자를 한 자리부터 25자리 안으로만 이동시킨다면 같은 원칙이 적용된다. 문자가 알파벳을 넘어갈 경우, 즉 z 이상으로 이동하는 경우에는 알파벳의 처음으로 돌아온다. 따라서 Y가 세 자리 이동하면 B가 된다. 카이사르는 N 순환 사이퍼로도 불리는데 여기서 N은 문자가 오른쪽으로 이동한 자릿수를 뜻한다.

카이사르 이동 사이퍼를 사용한 메시지를 해독하기는 비교적 쉽다. 이동 가능한 자릿수가 제한되어 있기 때문이다. 영어에서는 25가지뿐이다.

다음에 나오는 간단한 암호문을 예로 들어보자.

FIAEVI XLI MHIW SJ QEVGL

이 문장을 해독하는 가장 간단한 방법은 하나의 표에 암호문을 음절대로 쭉 나열한 다음, 그 아래 이동 가능한 모든 경우를 대입해서 적어 보는 것이다.

이 기법을 '평문 완성하기'라고 부르기도 한다. 말이 되는 문장이 나올 때까지 계속해서 다른 알파벳을 대입하기만 하면 된다.

이동한 문자 수(자릿수)	예상되는 평문
0	FIAEVI XLI
1	EHZDUH WKH
2	DGYCTG VJG
3	CFXBSF UIF
4	BEWARE THE

말이 되는 단어가 나타난 것은 알파벳이 네 자리 이동되었을 때이다. 나머지 음절까지 해독하면 '3월 15일을 조심하라(Beware the Ides of March)'라는 메시지가 나타난다.

코드 분석

전치 암호

넓은 범주에서 보면 메시지의 문자를 뒤섞는 전치 암호도 사이퍼에 속한다.

전치 역시 격자를 사용하여 완성할 수 있다. 간단한 예로, '배는 정동방을 향해 새벽에 출항할 것이다(the ship will sail at dawn heading due east)'라는 메시지를 보낸다고 가정했을 때, 이를 한 행(가로)에 다섯 문자씩 나열한 다음 문자를 열(세로) 방향으로 읽어 암호화할 수 있다.

t	h	e	s	h
i	p	w	i	l
l	s	a	i	l
a	t	d	a	w
n	h	e	a	d
i	n	g	d	u
e	e	a	s	t

그 결과 암호화된 메시지는 다음과 같다.

TILANIEHPSTHNEEWADEGASIIAADSHLLWDUT

전치 암호로 된 메시지를 해독하는 효과적인 방법은 '애너그래밍'(anagramming)으로 알려져 있다. 이 기법은 암호문을 구성하는 문자군의 문자 순서를 이리저리 바꾸어 본 다음 실제 단어의 애너그램처럼 보이는 것을 찾는 것이다.

구체적인 기법으로는 '병렬 애너그래밍'이 있다. 병렬로 있는 두 개의 암호문을 서로 교차 검증하는 애너그램 기법이다.

병렬 애너그래밍을 적용하기 위해서는 단어나 문자의 수가 같고, 같은 기법을 사용하여 섞인 두 개의 전치문이 있어야 한다. 충분히 오랜 시간 —전시에— 적의 통신을 감시한 암호 해독가가 있다면, 이 방법이 보기보다 성공 가능성이 높을 수 있다.

병렬 애너그래밍의 작동 방식을 설명하기 위해 간단한 예를 들어보겠다. 다음과 같이 각각 다섯 개의 문자로 된 두 개의 전치문이 있다고 가정해 보자.

EKSLA

LGEBU

각 문자군의 순서를 바꾸면 몇 개의 단어가 만들어지는 것은 명백하다.

ESKLA는 LAKES나 LEAKS가 될 수 있고

LEGBU는 BUGLE이나 BULGE가 될 수 있다.

이때 우리가 가진 문자군이 하나뿐이라면, 두 가지의 가능성 중 어느 것이 맞는지 확실하지 않을 것이다. 그러나 두 메시지를 병렬로 두고 같이 해독해보면 각 메시지에서 말이 되는 답은 하나씩밖에 없음이 분명해진다.

12345	41532	45132	45312
ESKLA	LEAKS	LAEKS	LAKES
LEGBU	BLUGE	BULGE	BUGLE

피이스토스 원반

1908년 7월 초의 일이었다. 이탈리아의 젊은 고고학자, 루이지 페르니에르(Luigi Pernier)가 크레타섬 남해안, 파이스토스 지역에 있는 미노스 궁전 유적지를 발굴하고 있었다.

한여름의 열기 속에서 페르니에르가 신전 지하 창고의 주실(主室)을 탐색하던 중이었다. 그는 석회질로 뒤덮인 온전한 형태의 테라 코타(점토) 원반을 발견했다. 지름 15cm에 두께 1cm가 조금 넘는 크기였다.

원반의 양쪽에는 총 242개의 정체를 알 수 없는 상형 문자가 가장자리에서 중심을 향해 나선형으로 새겨져 있었다. 45개의 서로 다른 상형 문자—상징적인 모양이 새겨진— 중 일부는 사람, 물고기, 곤충, 새, 배 등 일상적인 것들을 의미하는 것이 확실했다.

상징들의 모양은 알아보기 쉬웠지만, 그 의미에 대해서는 다음 세기에 들어 열띤 논쟁이 벌어졌다. 원반이 일종의 기도문일지 모른다는 아마추어 고고학자들이 있는가 하면, 달력 내지는 전쟁을 대비한 징집령이라고 주장하는 사람들도 있었다. 심지어 고대의 보드게임이라거나 기하학을 정리한 것이라는 의견까지 있었다.

원반 해석에 관한 신뢰할 만한 방법이 제시된 것은 겨우 2014년의 일로, 그마저도 메시지의 내용을 완벽히 이해하기에는 역부족이었다.

이 원반의 비밀에 오랫동안 관심을 가져온 사람은 바로 크레타섬 출신의 수학자 안소니 스보로노스(Anthony Svoronos)였다. 그가 현재 운영하는 웹사이트에는 이제까지 제시된 해법이 총망라되어 있다.

"(내 생각에) 이 원반에서 가장 중요하게 봐야 할 것은 원반을 만드는 데 사용된 기술이다." 스보로노스의 설명이다. "이 원반은 여러 개의 도장을 사용해서 찍은 것이다. 도장을 만드는 데 상당한 노력을 쏟았을 테니 이 도장들을 이용해서 여러 가지 다양한 기록물을 만들었을 거라고 추정해야 한다. 그런데 도장 세트로 만든 기록물 중에 오늘날까지 남아 있는 물건은 이 원반이 유일하다."

원반의 비밀을 풀지 못한 상황에서, 설상가상으로 섬의 맞은편, 크노소스에 있는 궁전 유적지에서 고고학자들은 선문자 A, 선문자 B로 불리는 고대 문자로 쓰인 수백 개의 서판을 발견했다.

언젠가는 풀어야 할 또 하나의 고대 문자이자 시기상 앞선 선문자 A는 현재 미해독 상태이다. 반면, 기원전 14~13세기 것으로 추정되는 선문자 B는 1950년대 해독되었다. 영국인 건축가 마이클 벤트리스(Michael Bentris)가 서판들이 그리스어의 형태로 쓰였음을 발견한 것이 계기였다.

파이스토스 원반 해독이 어려운 이유는 대다수 전문가들의 의견처럼, 결정적인 해독에 필요한 충분한 양의 문자가 들어 있지 않다는 것이다. 또 한 가지 흥미로운 점은 원반에 찍힌 기호들이 훨씬 추

위 파이스토스 원반의 양쪽 면. 문양의 의미는 물론이고 원반을 어디에서 만들었는지조차 의견이 분분하여 고고학과 암호학에서 가장 유명한 수수께끼 중 하나가 되었다.

상적인 선문자의 기호와는 달리 매우 구체적이고 분명하다는 것이다.

그러나 이러한 난관에 굴하지 않고, 크레타 기술교육재단의 언어학자인 가레스 오웬스(Gareth Owens)와 옥스퍼드대학 음성학 교수인 존 콜먼(John Coleman)은 원반의 내용에 대해 얼마간의 단서를 제공하는, 그럴듯한 독해법을 내놓았다.

두 연구자는 해독된 선문자 B와 원반의 상형문자 사이에 유사성을 밝힘으로써 '파이스토스 원반의 90% 이상을 읽을 수 있게 되었다'고 했다. 예를 들어, 오웬스가 '펑크 헤드'라고 표현한 기호는 선문자 B의 기호 28번과 발음(I)이 같은 것으로 간주된다. 두 사람은 이런 식의 가정과 선문자 B에 쓰인 병렬 텍스트를 이용하여 반복되는 기호군 IQEKURJA이 '임산부' 또는 '여신'을 의미한다는 것을 알아냈다. 이를 통해 두 연구자는 원반이 미노스 여신에게 바치는 기도를 담고 있을 것이라는 의견을 내놓았다.

그러나 같은 기호를 사용한 다른 기록물들을 찾아내어 결정적인 해독을 하지 않는 한, 우리는 이 해석이 맞는지 끝내 알 수 없을 것이다.

암호 해독의 탄생

수천 년 동안, 크립토그래피의 발전은 암호 분석의 사이퍼-해독 기술이 이룬 발전을 따라잡지 못했다. 사이퍼를 해독하는 기술은 아랍인들에 의해 발명되었다.

서기 750년 이래, 이슬람 문화 황금기의 학자들은 과학, 수학, 미술, 문학에 뛰어났다. 크립토그래피에 관한 사전, 백과사전, 교재가 출간되었고, 어원과 문장 구조에 대한 학술 조사를 통해 암호 분석에서 처음으로 중요한 성과를 도출했다. 이슬람 학자들은 어떤 언어에서든 문자가 규칙적이고 신뢰할 수 있는 빈도로 나타난다는 것을 깨달은 것이다. 이들은 또한 이 빈도를 사이퍼 해독에 활용할 수 있다는 것을 알게 되었다. 이것이 바로 '빈도 분석 기법'이다.

암호 분석에 대해 설명한 최초의 기록은 9세기 아랍 과학자이자 다작 작가, 아부 유수프 야쿱 이븐 이샤크 알-사바 알-킨디(Abu Yusuf Yaqub ibn Ishaq al-Sabbah Al-Kindi)의 『암호문 해독에 관한 원고』에 있다.

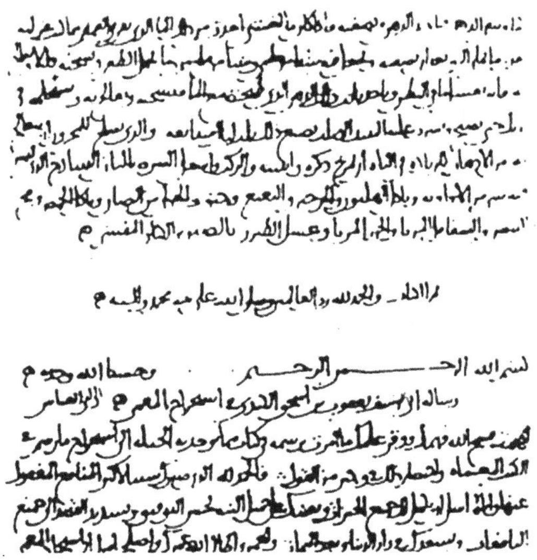

맞은편 서기 750년경부터 13세기까지 이어진 이슬람 황금기에 과학자, 예술가, 철학자들은 위대한 업적을 달성했다. 그중에는 위대한 암호 분석가 알-킨디도 있었다.

왼쪽 알-킨디의 『암호문 해독에 관한 원고』 속 한 페이지.

코드 분석

빈도 분석

빈도 분석은 암호 해독가에게 필요한 가장 기본적인 수단일 것이다. 하나의 알파벳에서 각 문자가 나타내는 정확한 빈도는 텍스트에 따라 다양하지만, 사이퍼로 작성된 메시지를 해독할 때 매우 유용한 몇 가지 규칙적인 패턴이 있다.

예를 들면, 영어에서는 문자 e가 가장 많이 등장한다. 평균적으로, 어떤 글이든지 문자의 12%는 e일 것이다. 다음으로 등장 빈도가 높은 문자는 t, a, o, i, n, s이고, 가장 낮은 문자는 j, q, z, x이다.

영어 텍스트에서 예상되는 문자의 상대 빈도는 아래 표와 같다.

문자	퍼센티지	문자	퍼센티지
A	8.0	N	7.1
B	1.5	O	7.6
C	3.0	P	2.0
D	3.9	Q	0.1
E	12.5	R	6.1
F	2.3	S	6.5
G	1.9	T	9.2
H	5.5	U	2.7
I	7.2	V	1.0
J	0.1	W	1.9
K	0.7	X	0.2
L	4.1	Y	1.7
M	2.5	Z	0.1

※메이어와 마차시(Meyer–Matyas)에 의해 연구되고, 『해독된 비밀: 크립토그래피의 방법과 규칙(Decrypted Secret)』에 실린 문자 집계에 근거.

이를 그래프 형태로 바꾸면, 이와 같은 분포를 보일 것이다.

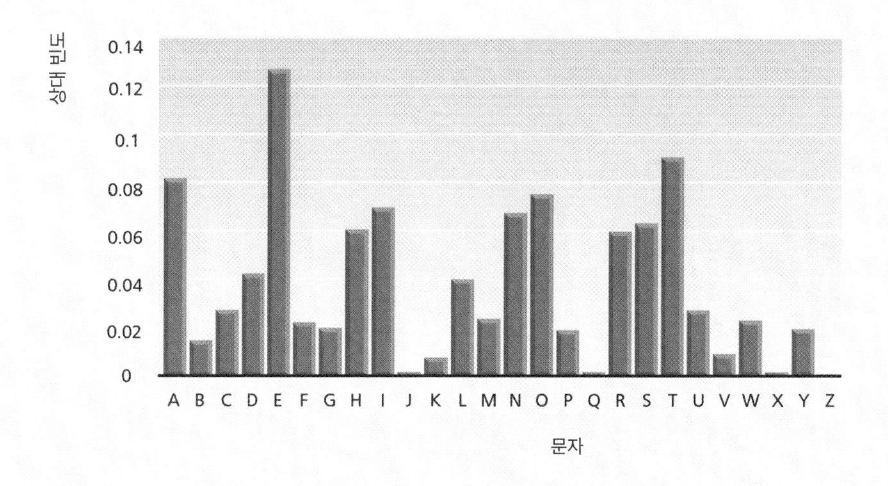

이 정보를 이용하여, 암호화된 메시지의 문자 또는 기호의 빈도를 합산한 후 이를 평문의 일반 빈도와 대조해 보는 것으로 빈도 분석을 시작할 수 있다.

다음으로 문자군이 어떻게 묶여 있는지 살펴보아야 한다. 예컨대, 'the'는 영어에서 가장 빈도 높게 등장하는 3문자군 또는 3문자 단어이다. 그리고 q 다음에는 주로 u가 온다. 대개의 경우 n 다음에는 모음이 온다. 마찬가지로, 대명사 I와 관사 a는 가장 흔한 단일 문자(한 글자) 단어이다.

주어진 텍스트가 예상 빈도에 정확히 부합할 것이라는 보장은 없다. 가령, 과학 논문에 쓰인 단어들은 연애편지의 단어들과는 상당히 다를 것이다.

그럼에도 불구하고, 이처럼 중요한 지식의 단편을 이용하여, 암호 분석가들은 암호문과 평문 사이의 상관관계를 만들기 시작하고, 메시지 속 일부 문자에 대한 윤곽을 그릴 수 있다.

시행착오, 인내, 신중한 추측, 운이 결합되면, 빈칸을 채우고 암호를 해독하는 것이 가능하다.

중세의 크립토그래피

아랍 세계가 지적인 성장을 계속하는 동안, 유럽에서는 암호학이 널리 보급되지 못하고 있었다. 중세 초기, 암호문은 대개 수도원의 전유물이었다. 수도사들은 '아트배쉬 사이퍼(Atbash Cipher)'와 같은 성서 및 히브리서 암호를 연구하고는 했다.

맞은편 14세기 무역 중심지 시절의 베니스를 보여주는 초기 지도.

이 시기에 종교와 상관없이 사이퍼를 사용한 드문 사례가 행성의 적도(The Equatorie of the Planetis)라는 천문관측기구의 제작과 사용에 관한 논문에서 발견되었다. 일부 학자들이 제프리 초서(Geoffrey Chaucer)의 것으로 생각하는(이에 의문을 제기하는 사람들이 있다) 이 텍스트는 사이퍼로 작성된 짧은 문구들을 대거 포함하고 있으며, 문구 속 알파벳 문자들은 기호로 대체되어 있다.

1400년 이후 대략 4세기 동안, 암호문의 주된 방식은 코드와 사이퍼를 결합한 노멘클레이터(nomenclator)였다. 노멘클레이터는 14세기 후반 유럽 남부에서 발전했다. 당시는 베네치아, 나폴리, 피렌체 같은 부유한 도시들이 무역 패권을 두고 경쟁하는 한편, 로마 가톨릭교회가 두 명의 교황이 벌인 분쟁으로 분열된 시기였다.

코드와 사이퍼 작성 기법을 결합한 노멘클레이터는 치환 암호를 사용하여 메시지의 텍스트 대부분을 뒤섞는 한편, 특정 단어나 이름을 코드워드(code word)나 기호로 대체한다. 예를 들어, 하나의 노멘클레이터는 알파벳 문자를 치환할 기호 목록에 더해 일반적인 단어나 이름을 직접 치환할 다른 기호 목록으로 구성될 수 있다.

따라서 단어 'and'는 '2'로 쓰일 수 있고, '잉글랜드의 왕'은 '&'가 될 수 있다. 초기의 노멘클레이터는 소수의 코드워드를 한 글자와 두 글자로 된 짧은 코드 등가물로 대체하곤 했다. 그런 다음 메시지의 나머지를 오리무중으로 만들기 위해 단일 문자 치환 사이퍼(단일 문자 치환 암호)와 결합하였다. 18세기가 되자, 노멘클레이터의 규모가 엄청나게 증가하였다. 러시아에서 사용된 노멘클레이터는 수천 개의 단어 또는 음절에 대한 코드 등가물을 포함하였다.

위 구약 성서 다섯 편을 염소 가죽에 기록한 모세 오경 두루마리(Torah scroll).

크립토그래피와 종교 문학의 짜릿한 조합은 많은 이들을 사로잡는다. 이 점은 댄 브라운의 베스트셀러 소설 『다빈치 코드』의 엄청난 성공에서 잘 드러난다. 『다빈치 코드』는 기독교에 관한 숨은 메시지와 코드, 중요한 비밀을 혼합하여 스릴러 형식으로 풀어낸 작품이다.

그러나 허구와 판타지의 영역 밖에서 암호문과 종교는 어느 정도 부득이하게 긴 역사를 공유해왔다. 박해는 종교를 비밀 결사로 만들기 때문이다.

유대-기독교 전통에서 가장 유명한 크립토그래피 시스템은 십중팔구 '아트배쉬 사이퍼'일 것이다. 아트배쉬는 전통적인 히브리어 치환 사이퍼로 히브리 알파벳의 첫 번째 문자가 마지막 문자로 대체되고, 두 번째 문자는 끝에서 두 번째 문자로 대체되는 식이다. 아트배쉬라는 이름은 히브리 알파벳의 첫 번째, 마지막, 두 번째, 마지막에서 두 번째 문자인 알레프, 타브, 베트, 쉰에서 유래한 것이다.

아트배쉬 치환은 구약 성서에서 최소 두 군데 등장한다. 그중 처음 두 개는 예레미야 25:26과

아트배쉬 사이퍼(The Atbash Cipher)

Alef	알레프	Tav	타브
Bet	베트	Shin	쉰
Gimel	기멜	Resh	레쉬
Dalet	달레트	Qof	코프
He	헤	Tsadi	차데
Vav	바브	Final Tsadi	끝에 오는 차데
Zayin	자인	Pe	페
Het	헤트	Final Pe	끝에 오는 페
Tet	테트	Ayin	아인
Yod	요드	Samekh	싸메크
Final Kaf	끝에 오는 카프	Nun	눈
Kaf	카프	Final Nun	끝에 오는 눈
Lamed	라메드	Mem	멤
Final Mem	끝에 오는 멤	Final Mem	끝에 오는 멤
Mem	멤	Lamed	라메드
Final Nun	끝에 오는 눈	Kaf	카프
Nun	눈	Final Kaf	끝에 오는 카프

Samekh	싸메크	Yod	요드
Ayin	아인	Tet	테트
Final Pe	끝에 오는 페	Het	헤트
Pe	페	Zayin	자인
Final Tsadi	끝에 오는 차데	Vav	바브
Tsadi	차데	He	헤
Qof	코프	Dalet	달레트
Resh	레쉬	Gimel	기멜
Shin	쉰	Bet	베트
Tav	타브	Alef	알레프

51:41에 나오며 '세삭(sheshach)'이라는 단어가 '바벨(바빌론)' 대신 사용된다. 예레미야 51:1에서는 레브 카마이(leb kamai)라는 문구가 카시딤(Kashdim) 대신 등장한다.

학자들은 아트배쉬 치환의 목적이 꼭 의미를 숨기는 데 있다고 생각하지는 않는다. 그보다는 모세 오경의 특정 해석을 보여주는 방법으로 여긴다.

성서에서 자주 다뤄지는 다른 '코드'들은 게마트리아(gematria)와 관련이 있다. 게마트리아는 문자에 숫자값을 할당한 후, 이를 전부 더해 결과를 해석하는 모세 오경 분석 방식이다. 가장 유명한 게마트리아는 아마도 요한계시록 13:18에서 적그리스도의 수로 언급된 666일 것이다. 일부 전문가들은 이 숫자가 실제로는 그리스어(Neron Kaiser, 네로 황제)에서 히브리어로 음역된 '네로 카이사르(Nero Caesar, 네로 황제)'를 의미한다고 생각한다.

또 다른 예가 창세기 14:14에 등장한다. 아브라함이 포로가 된 자신의 조카 롯을 구하기 위해 심복 318명을 소집하는 상황을 묘사한 절이다. 랍비 전통에서 숫자 318은 아브라함의 종, 엘리에셀을 뜻하는 게마트리아로 여겨진다. 따라서 이것은 아브라함이 자신의 친족을 구할 때 318명의 군인으로 구성된 부대가 아니라, 단 한 명의 종과 함께했다는 것을 의미한다. 비록 그 종의 이름이 '하나님은 나의 도움이시다'를 의미하기는 해도 말이다.

위 구바빌론의 니므롯 왕과 바벨탑 건설에 관한 성서 묘사. 바벨은 성서의 아트배쉬 치환 사례 중 하나다.

마이클 드로스닌(Michael Drosnin)의 책 『바이블 코드』에는 널리 비판받는 성서 분석의 한 형태가 묘사되어 있다. 드로스닌은 등거리 문자 배열(equidistant letter sequence)을 찾는 것으로 성서 속

숨은 메시지를 찾을 수 있다고 주장한다. 엘리야후 립스(Eliyahu Rips)를 비롯한 수학자들의 논문을 기반으로 한 이 책은 등거리 문자 배열을 찾는 방식을 통해 과학적 발견과 암살 같은 다양한 사건에 숨어 있은 의미를 밝힐 수 있다고 말한다.

그러나 전문 암호 분석가들이 보기에 모세 오경 코드 이론은 매우 모호하다. 우선 히브리어의 모음 부족이 상당한 융통성을 부여한다. 또, 하나의 언어 안에서 문자의 비율은 상당히 정확하기 때문에 얼추 길이가 같은 두 권의 책을 예로 들었을 때, 두 책은 대략 서로의 애너그램—또는 재배열—이 된다. 그러므로 어떤 문자 배열 코드도 성서에만 국한되지는 않는다. 심지어 한 연구 단체가 허먼 멜빌(Herman Melville)의 『모비 딕(Moby Dick)』을 분석하여 비슷한 결과를 도출했다고 주장한 적도 있다.

위 이단 숭배를 뜻하는 뿔 달린 우상, 바포메트.

바포메트 : 아트배쉬 사이퍼 이론

흑주술과 오컬트 신봉자들에게 바포메트라는 이름은 몹시 불쾌한 악마, 어쩌면 사탄 그 자체의 이미지를 떠오르게 한다. 바포메트는 염소의 뿔과 날개를 가진 인간의 형상으로 나타난다. 그러나 이런 이미지는 비교적 최근에 생긴 것으로, 1800년대까지만 해도 볼 수 없었다. 프랑스 작가이자 마술사인 엘리파 레비(Eliphas Levi)가 바포메트의 이미지를 염소 머리에 날개와 가슴을 가진 형상으로 대중화시킨 것이 계기였다.

사실 바포메트란 이름이 대중에게 처음 알려진 것은 그로부터 수백 년 전인 14세기 초였다. 당시 템플 기사단의 기사들은 우상 숭배와 같은 악행을 저질렀다는 비난에 직면해 있었다.

1307년 10월 13일 금요일, 프랑스의 필리프 4세는 템플 기사단장, 자크 드 몰레(Jacques de Molay)와 140명의 기사들을 파리 성전에서 체포했다. 기사들은 끔찍한 고문을 당한 끝에 자신들이 십자가에 침을 뱉고, 짓밟고, 방뇨했음을 인정했다. 그 밖에도 입회식에서 하는 '외설스러운 키스', 뇌물을 받고 회원을 받는 것, 바포메트를 포함한 우상 숭배 등이 죄목에 포함되었다. 그 결과, 많은 이들이 화형을 당하거나 국외로 추방되었다.

바포메트라는 이름의 유래는 수수께끼에 싸여 있으나 몇몇 가능성 있는 설명이 제기되기는 했다. 널리 통용되는 한 해석에 의하면, 바포메트는 이슬람 선지자의 이름인 무함마드(Muhammad)를 번역한 '마호메트(Mahomet)'의 고대 프랑스어가 변형된 것이다. 그밖에 바포메트가 그리스 단어 'Baphe'와 'Metis'에서 왔으며 두 단어를 합치면 '지혜의 세례'를 의미한다거나, 바포메트가 약자인 Temp. ohp. Ab.,를 의미한다는 설도 있다. 이 약자는 라틴어 'Templi omnium hominum pacis abhas'에서 온 것으로 '인간사 세계 평화의 아버지'를 의미한다.

그러나 사해 문서를 연구한 초기 연구자 중 한 명인 휴 숀필드(Hugh Schonfield)가 제시한 이론이 가장 흥미롭다. 숀필드는 '바포메트'가 아트배쉬 치환 사이퍼를 기반으로 만들어졌다고 생각했다. 즉, 히브리어 알파벳의 첫 번째 글자가 마지막 글자로 대체되고, 두 번째 글자가 끝에서 두 번째 글자로 대체되었다는 것이다. 이 추론이 맞다면, 히브리어로 작성되고 아트배쉬를 이용하여 해석되는 '바포메트'는 그리스어 단어인 '소피아', 즉 지혜의 의미로 해석될 수 있다.

[taf] [mem] [vav] [pe] [bet]

오른쪽에서 왼쪽으로 히브리어로 쓴 바포메트

ב פ ו מ ת

이 이름에 아트배쉬 사이퍼를 적용하여, 숀필드는 다음의 내용을 보여주었다.

ש ו פ י א

[alef] [yud] [pe] [vav] [shin]

오른쪽에서 왼쪽으로 히브리어로 쓴 그리스 단어 소피아

이 지점에서 바포메트는 이전보다 더 생소한 대상과 연관성을 갖게 된다. 한 걸음 더 나아가 그노시스파의 여신인 소피아와 연관을 짓는 사람들 때문이다. 그 결과 소피아는 예수의 헌신적인 추종자인 막달라 마리아(Mary Magdalene)와 동일시되기도 한다.

코드 분석

동음이자(同音異字)

15세기 초, 유럽에서 암호 분석가들이 활동했던 흔적이 있었다. 만토바 공국을 위해 준비된 사이퍼에서 평문의 각 모음이 많은 수의 서로 다른 등가물로 대체되어 있었던 것이다. 동음이자 치환(homophonic substitution)으로 불리는 이런 유형의 사이퍼가 암호 해독가들에게는 더 어렵다. 단순한 단일 문자 치환 사이퍼보다 해독하는 데 더 많은 창의력과 인내심을 요구하기 때문이다. 동음이자 치환 사이퍼의 등장은 만토바의 암호(사이퍼) 비서관이 자신들의 편지를 가로채 해독하려고 하는 누군가가 싸우고 있고, 그가 빈도 분석의 원리에 대해 무언가 알고 있었다는 명백한 표시로 보인다.

동음이자 사이퍼는 알파벳 문자보다 많은 사이퍼 등가물을 필요로 하기 때문에, 더 많은 알파벳을 발명하기 위해 다양한 해결책이 사용되었다. 그 한 예가 숫자를 이용하여 치환하는 것이다. 다른 사례로 기존 알파벳에 변화를 주어 사용하는 경우도 있다. 예를 들어, 대문자, 소문자, 위아래가 뒤집힌 형태 등이다.

다음은 동음이자 치환의 예다. 상단에 나열된 문자들은 평문 알파벳이며, 그 아래 숫자들은 해당 알파벳을 대체할 암호 옵션이다.

a	b	c	d	e	f	g	h	i	j	k	l	m	n	o	p	q	r	s	t	u	v	w	x	y	z
46	04	55	14	09	48	74	36	13	10	16	24	15	07	22	76	30	08	12	01	17	06	66	57	67	26
52	20		97	31	73	85	37	18	38		29	60	23	63	95		34	27	19	32				71	
58				39			61	47			49		54	41			42	64	35						
79				50			68	70									53		78						
91				65															93						
				69																					
				96																					

이 옵션을 사용하여 평문 '이것이 시작이다(This is the beginning)'를 다음과 같이 쓸 수 있다.

01361312 1827 193731 043974470723705485

동음이자 사이퍼 해독하기

동음이자는 개별 문자의 빈도는 확실히 숨겨주지만 둘 또는 세 글자로 조합된 단어, 특히 긴 암호문에는 큰 효과가 없다.

동음이자 사이퍼를 해독하는 기본 방식은 부분 반복되는 크립토그램(알파벳 퍼즐)을 분석하는 것이다. 예를 들어, 하나의 암호문에 두 개의 숫자열이 있다고 치자.

2052644755

그리고

2058644755

이때 암호 분석가는 '52'와 '58'이 같은 평문 문자의 동음이자가 아닌지 의심해 볼 수 있다.

또한, 단어 내에서 가장 흔한 두 글자와 세 글자 조합이 'th', 'in', 'he', 'er', 'the', 'ing', 'and'임을 알고 있는 암호 분석가는 기호 37 앞에 19와 39가 자주 나온다는 것을 파악할 수도 있다.

이를 추측해보면, 19는 t'를, 37은 'h'를, 39가 'e'일 수 있는 것이다. 이 과정을 꾸준히 계속하다 보면 메시지의 비밀이 하나씩 드러나게 된다.

스코틀랜드 여왕, 메리의 죽음

1587년, 잉글랜드에서 가장 뛰어난 암호 분석가가 빈도 분석을 이용하여 군주를 죽음에 이르게 하고 국가의 미래를 결정한 사례가 있다. 스코틀랜드 여왕, 메리 1세는 1567년까지 스코틀랜드를 통치하였으나 이후 왕위를 포기하고 잉글랜드로 망명했다. 그러나 그녀의 사촌인 엘리자베스 1세는 헨리 8세의 조카딸이자 가톨릭 신자인 메리를 위협적인 존재로 보았던 터라 메리를 잇달아 여러 성에 감금했다. 엘리자베스 여왕이 제정한 반가톨릭 법안은 나라에 공포 분위기를 조성하였으며, 투옥된 메리는 개신교도 여왕의 폐위를 원하는 시민들의 소요와 음모의 중심이 되었다.

1586년, 메리의 신봉자인 안소니 바빙턴(Anthony Babington)이 엘리자베스 1세를 암살하고 메리를 왕좌에 앉히기 위해 음모를 꾸미기 시작했다. 계획의 성공은 메리의 협조에 달려 있었으나 그녀와 비밀리에 소통하는 것은 쉬운 일이 아니었다. 이에 바빙턴은 신학생이었던 길버트 기포드(Gilbert Gifford)를 전령으로 고용했다. 젊고 대담한 기포드는 이내 맥주통을 이용하여 메리가 있는 샤틀레이 영지의 감옥 안팎으로 편지를 몰래 주고받을 방법을 찾았다. 그러나 사실 기포드는 이중 스파이였다. 그는 엘리자베스 1세의 수석 비서관이자 잉글랜드 최초의 첩보기관 창립자인 프란시스 월싱엄 경(Sir Francis Walsingham)에게 이미 충성을 맹세한 터였다. 기포드는 메리의 편지를 잉글랜드 최고의 암호 해독가인 토마스 필립스(Thomas Phelippes 또는 Thomas Phillips)에게 곧바로 전달했다.

메리가 외부 세계와 하는 소통은 대부분 암호화되었지만, 필립스에게 그 정도는 대수롭지 않은 문제였다. 마르고 근시안에 얼굴에는 천연두 감염의 흔적이 있었던 필립스는 불어, 스페인어, 이탈리아어, 라틴어에 유창한 것으로 명성이 자자했을 뿐 아니라 위조의 달인으로도 악명 높았다. 월싱엄의 일급 암호 분석가인 그는 빈도 분석의 대가였기에 투옥된 메리와 바빙턴 사이에 오가는 편지의 비밀을 쉽게 밝힐 수 있었다.

위 스코틀랜드 여왕, 메리로 더 유명한 스코틀랜드의 메리 1세. 엘리자베스 1세에 의한 그녀의 죽음은 크립토그래피 역사의 근간이 되었다.

아래 엘리자베스 1세(1533 – 1603). 1558년 11월 17일부터 사망 시까지 잉글랜드의 여왕, 프랑스의 여왕(명목상으로만), 아일랜드의 여왕이었다.

[illegible]

15

and send receave bearer I pray you Mr your name myne

[illegible] Gilbert Curll

[illegible] Anthony Babington [illegible] Bab:

a b c d e f g h i k l m n o p q r s t u x y z

Nulles [illegible] Doublets [illegible]

and for with that if but where as of the from by so not when there

this in wch is what say me my wyth send lre receave bearer I pray you

Mr your name myne

This was the alphabet [illegible] Babington
Gilbert Curll
[illegible]

[illegible] which only I have written [illegible] from [illegible]

Anthonie Babington

Acknowledged & subscribed by Babington
primo Sept: 1586 in ye presence of Edwarde Barker

148

54

필립스가 수집을 도와준 증거를 토대로, 월싱엄은 엘리자베스를 설득했다. 메리를 처형하지 않는 한 엘리자베스의 왕위와 생명이 위태롭다는 것이었다. 여왕은 이를 거절했지만, 월싱엄은 메리가 암살을 계획하고 있다는 증거가 존재한다면 엘리자베스 여왕이 메리의 처형에 동의할 것이라고 확신했다.

7월 6일, 바빙턴은 메리에게 장문의 편지를 썼다. 이른바 바빙턴 음모에 대해 상세하게 설명하는 내용이었다. 그는 '왕위를 찬탈한 경쟁자의 처형'—엘리자베스 1세 암살—에 대해 메리에게 승인과 조언을 구했다. 이에 메리가 7월 17일 답신을 보내면서 그녀의 운명이 결정되었다. 월싱엄은 노련한 필립스에게 편지를 복사할 것과 음모에 가담한 이들의 신원을 요구하는 위조 추신을 코드로 만들어 추가할 것을 요구했다.

요구대로 명단이 작성되면서 그들의 운명 또한 결정되었다. 메리가 음모에 관여한 사실도 입증되었다. 월싱엄이 단호하게 움직일 수 있게 된 것이다. 그로부터 며칠 후 바빙턴과 그의 동료들은 체포되어 런던탑으로 이송되었다. 10월이 되자 메리는 재판에 회부되었다. 1587년 2월 1일, 엘리자베스 여왕이 메리의 사형 집행 영장에 서명하였다. 그리고 7일 후 메리는 포더링게이 대강당에서 참수되었다.

길버트 기포드가 샤틀레이에서 맥주통을 이용해 밀반출했던, 그리고 곧장 토마스 필립스에게 넘겨주었던 메시지는 메리의 암호 비서관인 길버트 컬(Gilbert Curle)에 의해 암호화되었다. 컬은 자신의 암호에 다양한 노멘클레이터와 '널(null)'을 사용하였다. 널은 무(無)를 뜻하는 것으로 컬이 암호 해독가를 교란시키기 위해 훈제 청어(관심을 딴 데로 돌리게 하는 것-역주) 용도로 도입한 것이었다.

그럼에도 불구하고, 메리의 암호는 빈도 분석에 대한 필립스의 전문성을 상대하기에 역부족이었다. 인내심과 신중한 추측, 운이 결합되면 빈칸을 채우고 암호를 해독하는 것이 가능하다. 노련한 암호 분석가들에게 이것은 후천적 자질로, 토마스 필립스의 경우 메리의 편지를 받는 즉시 그 내용을 해독할 수 있었다는 기록이 있다.

맞은편 토마스 필립스가 위조한 암호 추신. 스코틀랜드 여왕 메리 1세가 안소니 바빙턴에게 보내는 편지에 덧붙인 것으로 음모에 가담한 이들의 이름을 요청하는 내용이다.

코드 분석

빈도 분석 실행

하나의 암호문에 직면한 암호 분석가에게 첫 번째 과제 중 하나는 원래의 메시지에 어떤 종류의 변형이 가해졌는지 파악하는 것이다. 아무런 단서가 없을 경우, 빈도 분석이 암호문 파악에 도움이 될 수 있다.

가령, 전치 암호에서 문자의 빈도는 평문의 문자 빈도와 정확히 일치할 것이다. 문자를 치환하지 않고 단순히 뒤섞기만 했으므로 'e'가 가장 높은 빈도의 문자가 될 것이다. 반면, 치환은 다른 빈도를 갖는다. 즉, 'e'를 대체하는 문자가 가장 높은 빈도의 문자가 될 것이다.

다음의 암호문을 해독한다고 가정해 보자. 우리가 아는 것이라고는 평문 메시지가 영어로 쓰였다는 것뿐이다.

YCKKVOTM OTZU OZGRE IGKYGX QTKC ZNGZ NK CGY XOYQOTM
CUXRJ CGX LUX NK NGJ IUTLKYYKJ GY SAIN ZU NOY
IUSVGTOUTY GTJ YNAJJKXKJ GZ ZNK VXUYVKIZ IRKGX YOMNZKJ
GY NK CGY NUCKBKX TUZ KBKT IGKYGX IUARJ GTZOIOVGZK ZNK
LARR IUTYKWAKTIKY UL NOY JKIOYOUT

첫 번째로 할 일은 암호문의 문자 빈도를 세는 것이다. 이를 위한 좋은 방법은 종이 하단에 알파벳을 쭉 나열한 다음, 문자가 나올 때마다 그 위에 'X'를 표시하여 일종의 그래프를 만드는 것이다.

완성된 도표를 앞서 영어 문자의 표준 분포에서 도출한 그래프(39쪽 상단)와 비교해 보자. 암

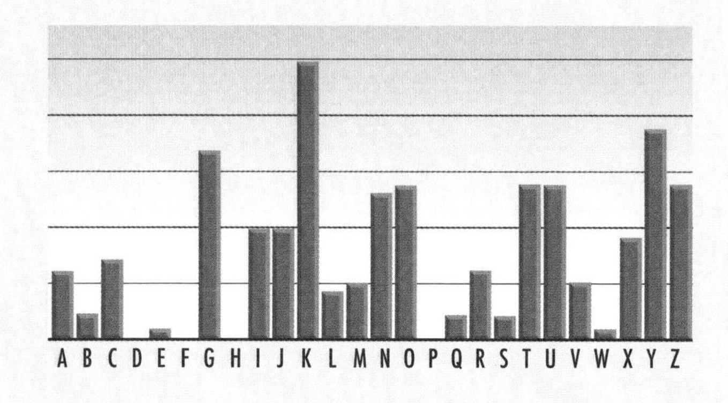

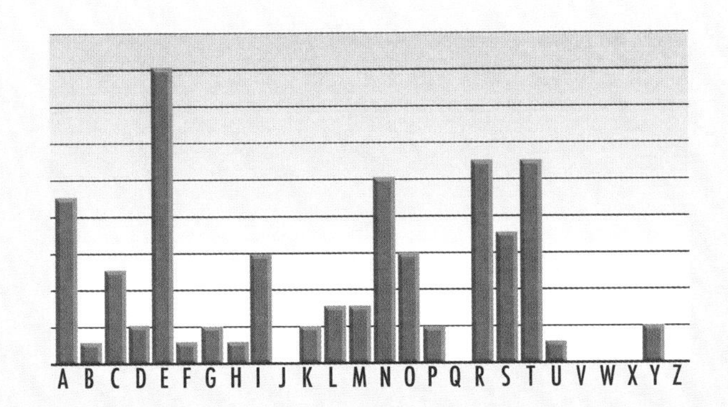

호문(38쪽 하단)에는 'e'가 거의 없음을 단번에 알 수 있다. 따라서 이 암호문은 단순 전치가 아니라는 것을 시사한다. 하지만 암호문의 문자 빈도와 표준 빈도가 일부 비슷하다.

예를 들어, K를 보라. K의 빈도가 가장 높은 것으로 보아 암호에서 'e'를 대체한 것으로 볼 수 있다. K 다음에 나오는 패턴에 다른 단서들도 있다. N과 O의 빈도가 높고 T와 U의 빈도도 높다. 다음으로 X, Y, Z도 비교적 높다.

숙련된 암호 분석가들은 이 2-2-3 피크 패턴(peak pattern, 고점 패턴)을 알아볼 수 있을 것이다. 일반 영어에서 이런 피크는 H와 I, N과 O, 그리고 R, S, T에서 발생한다.

사실상, 전체 그래프가 (표준에서)오른쪽으로 여섯 자리 이동한 것처럼 보인다. 그리고 실제로 그렇다. 이 텍스트는 카이사르 여섯 자리 이동 방식을 이용해 암호화된 것이다.

따라서 암호문의 각 문자를 여섯 자리 뒤로(역방향을 의미하므로 실제로는 앞으로) 이동시키면, Y는 S가 되고 C는 W가 되는 식이다.

YCKKVOTM OTZU OZGRE IGKYGX QTKC ZNGZ NK CGY XOYQOTM CUXRJ CGX LUX
NK NGJ IUTLKYYKJ GY SAIN ZU NOY IUSVGTOUTY GTJ YNAJJKXKJ GZ ZNK VXUYVKIZ IRKGX YOMNZKJ GY NK CGY NUCKBKX TUZ KBKT IGKYGX IUARJ GTZOIOVGZK ZNK LARR IUTYKWAKTIKY UL NOY JKIOYOUT

그 결과, 위 암호문이 톰 홀랜드(Tom Holland)의 책 『루비콘』에서 발췌한 내용임을 알 수 있다.

이탈리아에서 승승장구하던 카이사르는 동료들에게 고백했듯이 자신이 세계 전쟁의 위험을 높이고 있다는 것을 알았고 그 가능성에 전율했다. 명민한 그마저도 자신의 결단이 가져올 전체적인 결과를 예상할 수 없었다.

카마수트라 속 코드

카마수트라를 현대적으로 해석하자면 일종의 성 생활 설명서라고 할 수 있다. 카마수트라의 제안에 충실한 수많은 삽화집, 비디오, 웹사이트에서 강조하듯 말이다. 그러나 바츠야야나(Vatsyayana)의 카마수트라(사랑에 관한 격언)는 성교를 위한 색다른 체위 지침서 정도에 그치지 않는다.

남녀를 음부의 크기에 따라 세 가지 유형으로 규정하는 것(남자는 토끼, 황소, 말, 여자는 토끼, 말, 코끼리) 외에도 이 책은 초심자를 위한 사랑, 로맨스, 결혼 등에 관한 지침서이기도 하다.

카마수트라는 또한 암호와 암호 분석 기술을 개발할 것을 여성들에게 강조하고 있다. 필수 기술 목록의 41번은 수수께끼와 난문을 해결하고 은밀한 언어를 사용하는 능력이다. 다음 순서인 믈레치타 비칼파(Mlecchita vikalpa)는 '암호문을 이해하고 독특한 방식으로 글을 쓰는 기술'이다.

책에는 사용 가능한 기술의 몇 가지 실례가 담겨 있다. 그중에는 단어의 처음과 끝을 바꾸거나 음절 사이에 문자를 추가하는 말장난이 포함된다. 또 '자음에서 모음을 분리하거나 모음을 전부 빼버려 변칙적으로 쓰인 구절의 단어들을 나열'하는 방법을 언급하고 있다.

카마수트라의 중요한 주석서로, 서기 1000년경에 쓰인 야소다라의 자야만갈라(Yasodhara's Jayamangala)는 다양한 유형의 방법을 다루고 있다. 데이비드 칸(David Kahn)은 학술서인 『코드브레이커(The Code breakers)』에서 그중 하나인 카우틸리야(Kautiliyam)에 대해 설명한다. 이 방법은 표음 관계에 따라 문자가 치환되는데, 가령 모음이 자음이 되는 식이다.

또 하나의 유형으로 물라데비야(Muladeviya)가 있다. 이 시스템에서는 몇 개의 알파벳 문자만 교체되고 나머지는 그대로 남는다:

a	kh	gh.	c	t	ñ	n	r	l	y
k	g	n	t.	p	n.	m	s.	s	-

'아내가 남편과의 별거로 곤궁에 처할 경우, 그곳이 비록 외국이라 해도 이 기술을 알기만 하면 쉽게 자립할 수 있다'고 바츠야야나는 말한다. '이 기술에 정통한 남자는 말이 많으며 여성을 배려하는 기술에 익숙하다.'

카마수트라 속 일부 제안이 오늘날에는 이상하게 보일 수 있지만, 암호문에 관한 충고만큼은 결코 시대에 뒤떨어지지 않는 것 같다. 시대를 막론하고 연인들이 증명하듯—로미오와 줄리엣에서 찰스 왕세자와 카밀라에 이르기까지— 사람들의 로맨틱한 대화가 침실 밖 세상에 알려지는 것만큼 난처한 일은 없을 테니 말이다.

왼쪽 카마수트라의 18세기 사본 삽화.

제2장

창의성

열성적인 수도사, 외교관, 교황의 고문들은
어떻게 암호학의 판도를 뒤집었나.
암호 해독 공무원의 등장.

빈도 분석이 활용되면서 한때 단순한 사이퍼로도 가능했던 보안이 깨졌다. 따라서 단일 문자 치환을 사용할 경우, 적들이 이를 해독하여 메시지를 읽게 될 가능성이 높아졌다.

그로 인해 암호 해독가들이 우위를 점할 수 있었겠지만, 그것도 그리 오래가지는 않았다. 유럽의 뛰어난 암호 애호가들이 이미 다음 단계로 넘어가 빈도 분석에 훨씬 강한 사이퍼 형태를 만들었기 때문이다.

교황의 암호

이 새로운 형태의 사이퍼는 로마 교황청에서 그 유래를 찾을 수 있다. 피렌체 부호의 사생아였던 레온 바디스타 알베르티(Leon Battista Alberti)가 가진 비범한 지성의 산물이었다. 알베르티는 그 재능이 건축, 미술, 과학, 법률을 아우르는 진정한 르네상스적 교양인(다양한 분야에 재능이 있는 인물-역주)이었다. 그는 또한 누구나 인정하는 뛰어난 암호 해독가였다. 어느 날 알베르티는 자신의 친구이자 교황의 비서인 레오나르도 다토(Leonardo Dato)와 바티칸(로마 교황청) 정원을 산책하고 있었다. 대화의 주제가 암호에 이르자, 다토는 바티칸에서 암호 메시지를 보낼 일이 있다고 고백했고, 알베르티는 이를 돕겠다고 약속했다. 결과적으로 알베

맞은편 암호 원반을 발명한 르네상스적 교양인이자 걸출한 암호 해독가였던 레온 바티스타 알베르티.

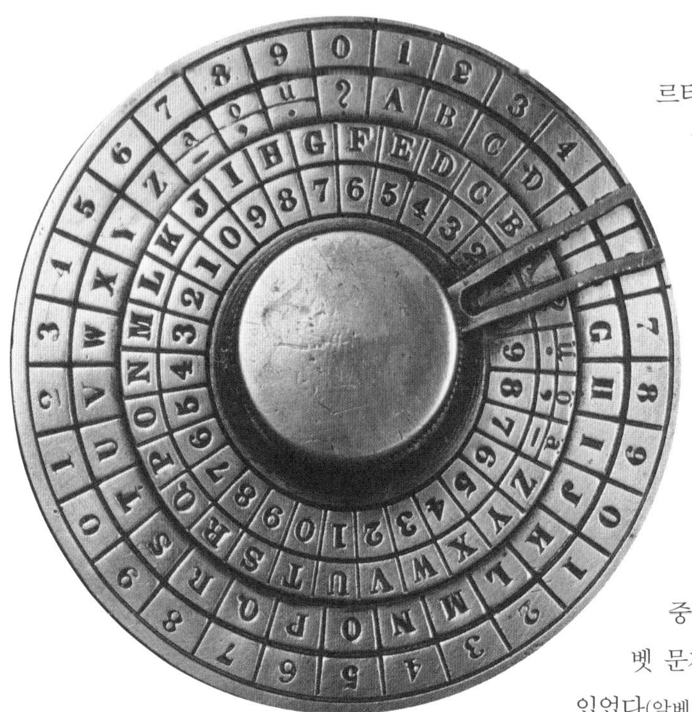

위 19세기 사이퍼 원반. 알베르티가 발명한 사이퍼 원반의 개념을 토대로 한 것이다.

르티가 1467년경 쓴 소논문은 완전히 새로운 암호 작성법의 토대가 되었다. 그의 소논문은 빈도 분석을 명확하게 설명하였고 암호 해독을 위한 다양한 방법을 제시하였다.

소논문에는 암호화에 사용되는 두 개의 금속 원반에 대한 설명도 있었는데, 중심이 같은 두 원반의 원주는 각각 24등분되어 있었다. 그 중 바깥쪽 원반의 각 칸에는 알파벳 문자와 숫자 1부터 4까지가 쓰여 있었다(알베르티는 h, k, y를 제외하였고, j, u, w는 라틴어 알파벳이 아니었다). 안쪽 원반의 각 칸에는 라틴어 알파벳 24개가 무작위 순서로 자리했다(U, W, J는 없고 'et'가 추가되었다). 암호화된 편지를 보낼 때는, 평문 메시지의 문자나 숫자를 바깥 원반에서 찾은 다음 그에 대응하는 문자를 안쪽에서 찾아 대체하면 되었다. 따라서 송신인과 수신인이 동일한 원반을 가지고 있어야 했으며, 서로 연관된 두 원반의 시작 위치를 결정해야 했다.

여기까지만 보면 이 시스템은 그저 단일 문자 치환이다. 그러나 이어지는 내용에서 알베르티는 한 걸음 더 나아간 독창성을 보여준다. '단어 3~4개를 작성한 후 원을 돌려 원반의 눈금 위치를 바꾼다'는 것이다. 이 말이 대수롭지 않게 들릴 수도 있지만, 그 결과는 그렇지 않았다. 예를 들어, 처음 몇 개의 문자에서 안쪽 원의 암호문 'k'가 평문 'f'에 해당했으나, 원반을 돌린 다음, 'k'가 갑자기 't'가 되는 식으로 바뀌기 때문이다.

그로 인해 암호 해독가들의 상황은 훨씬 어려워졌다. 원반의 시작 위치가 바뀔 때마다 암호문과 평문 사이에 새로운 상관관계가 발생했기 때문이다. 영어로 예를 들자면, 'cat'이라는 단어가 어떤 경우에는 'gdi'가 될 수 있고, 어떤 경우에는 'alx'가 될 수 있었다. 따라서 빈도 분석의 유용성이 현저하게 줄어들었다.

이밖에도 알베르티는 바깥 원의 숫자를 일종의 암호 코드로 사용하였다. 무슨 말인가 하면, 평문을 암호화하기 전에 작은 코드북에 따라 특정 구들을 1~4의 숫자 조합으로 치환했다. 그리고 그 숫자들은 메시지의 나머지와 함께 암호화되었다.

경이로운 업적을 쌓은 알베르티는 '서양 암호학의 아버지'라고 불렸다. 그러나 크립토그래피의 진화는 거기에서 멈추지 않았다. 다중문자 암호 시스템의 발전 역시 경이로운 지성을 가진 이의 손끝에서 시작되었다.

트리테미우스의 타블로

요하네스 트리테미우스(Johannes Trithemius)는 독일 태생의 수도원장이며 세계 최초로 출간된 크립토그래피에 관한 책을 제작한 인물이다. 그는 신비주의에 빠져 친구들을 질겁하게 하거나 다른 이들을 화나게 만드는 등 그야말로 논란의 대상이었다. 그가 크립토그래피 기술에 관해 쓴 장서 『폴리그라피아(Polygraphia)』는 그의 사후인 1516년에 여섯 권의 시리즈로 출간되었다. 이 책들은 오늘날 다중문자 암호 시스템의 표준 작성법이 된 타블로(Tableau, 암호표, 48쪽 참조)의 출발이 되었다.

그로부터 수십 년에 걸쳐 다중문자 암호 속 개념들은 더욱 정밀해졌다. 당시 사이퍼 유형의 타블로에 자신의 이름을 영구히 남긴 인물이 있었으니, 바로 1523년 프랑스에서 태어난 블레즈 드 비즈네르(Blaise de Vigenère)다.

프랑스 외교관이었던 비즈네르는 26세이던 1549년, 2년 임기로 로마에 파견되어 있으면서 처음 크립토그래피를 접하게 되었다. 그는 당시 알베르티, 트리테미우스를 포함한 암호 관련 주요 인물들의 논문을 읽었으며, 바티칸의 암호 해독가들도 일부 알게 되었을 것이다. 그로부터 약 20년 후, 비즈네르는 공직에서 은퇴하고 글을 쓰기 시작했다. 20권이 넘는 그의 저서 가운데, 1586년 처음 출간된 『암호문에 관한 논문(Traicté des Chiffres)』이 가장 유명하다.

로슬린의 비밀:
건축과 음악에 숨은 의미

역사를 통틀어 예술가들은 숨은 의미, 코드와 상징으로 자신의 작품에 풍부한 의미를 부여해 왔다. 예를 들어, 모차르트는 몇몇 오페라에서 프리메이슨 사상을 표현하는가 하면, 레오나르도 다 빈치의 그림에는 숨은 서브텍스트(subtext)와 상징주의가 가득해 보인다.

건축가들 역시 자신의 창작물에 미묘한 메시지를 담아 왔다. 그중 가장 수수께끼 같은 건축물이 스코틀랜드 수도 에딘버러 남부의 로슬린이라는 작은 마을에 있는 로슬린 성당이다.

1446년, 성 마태오 축일(St Matthew's Day)에 주춧돌이 놓인 이 성당에는 수 세기 동안 방문객들을 매료시켜온 숨은 의미와 코드가 가득하다. 성당의 인기 볼거리 중 으뜸은 독특하고 아름다운 나선형으로 조각된 '도제 기둥'이다.

어떤 이들은 이 도제 기둥과 그 짝을 이루는 석공 기둥이 첫 번째 예루살렘 성전 입구에 세워진 보아스와 야긴 기둥을 의미한다고 믿는다. 기둥과 연결된 처마도리에는 라틴어 비문이 하나 쓰여 있는데, 이를 번역하면 '와인은 강하고, 왕은 더 강하며, 여성은 더더욱 강하다. 그러나 진실은 모든 것을 이긴다'가 된다. 이 인용문은 경외 성서(출처가 분명하지 않는 등의 이유로 성경에서 제외된 여러 문헌-역주) 3장 에스드라서에서 온 것이다.

전설에 따르면, 로슬린 성당은 프리메이슨이나 템플 기사단과도 관련이 있었다고 한다. 성당 전체가 프리메이슨 전설의 중요한 일부인 히람의 열쇠와 관련이 있으며, 현대에 들어서는 프리메이슨 단체, 현대 템플 기사단이 의식을 치루는 장소로 사용되고 있다. 프리메이슨과의 연관성뿐 아니라 성당 바닥 아래 비밀 금고가 있다는 소문 때문에, 로슬린 성당이 성배(최후의 만찬에 사용된)의 최종 안식처일 것이라는 가능성 또한 제기되었다. 전설대로라면, 세 개의 중세시대 금고가 성당 어딘가에 묻혀 있어야 하지만, 성당 내부와 근처를 탐색해도

맞은편 로슬린 성당의 유명한 도제 기둥. **위** 로슬린 성당 내부의 지붕 조각.

아무것도 나오지 않았다.

그러나 한 발굴에서 성과가 있었다. 2005년 스코틀랜드 작곡가 스튜어트 미첼(Stuart Mitchell)이 성당 천장에 있는 213개의 정육면체에 숨겨진, 일련의 난해한 코드를 해독한 것이다. 미첼은 20년 동안 이 문제와 씨름한 끝에, 정육면체에 새겨진 패턴이 중세 연주자 13인을 위해 쓴 하나의 음악 작품이라는 것을 알아냈다. 이 색다른 음악이 성당을 건축한 사람들에게 정신적으로 중요했던 것 같다.

해독의 열쇠는 미첼이 발견한 성당 내부의 기둥 12개에 있었다. 각 기둥의 아랫돌들이 하나의 카덴스 악보 끝에 오는 세 개의 화음를 이루고 있다는 사실을 발견한 것이다. 15세기에 알려지거나 사용된 카덴스 유형은 단 세 개뿐이었다.

2005년 10월, 그는 스코틀랜드 신문에 '그 음악은 3박자이고, 유치하며, 단순한 선율을 기반으로 하고 있다. 그 당시 일반적인 형태의 리듬이다. 1400년대에는 박자에 대한 지침이 딱히 없었기 때문에, 나는 이 곡을 6분 30초 길이로 만들기로 했다. 하지만 다른 박자를 사용하면 8분 길이로 늘릴 수도 있다'고 밝혔다. 성당은 이 곡을 연주할 음악가들에 대한 지침도 주고 있다. 각 기둥 끝에 백파이프, 호각, 트럼펫, 중세 멜로디언, 기타, 가수 등 서로 다른 중세 악기를 연주하고 있는 음악가의 모습이 새겨져 있기 때문이다. 미첼은 이 곡을 '로슬린 비례 규칙(The Rosslyn Canon of Proportions)'이라고 명명했다.

코드 분석

트리테미우스의 타블로

맞은편 표는 트리테미우스가 묘사한 타블로 유형으로 영어 알파벳 전체를 사용하고 있다. 그가 생각한 것은 26개의 열과 26개의 행을 가진 표를 만드는 것이었다. 각 행에는 알파벳이 표준 순서로 나열되지만, 한 행씩 내려갈수록 알파벳이 한 자리씩 카이사르 이동을 한다(맞은편 참조).

암호 메시지 작성을 위해, 트리테미우스는 첫 번째 문자 암호화에 첫 번째 행을 사용하고, 두 번째 문자에 두 번째 행을 사용할 것을 제시했다. 메시지가 빈도 분석의 영향을 받지 않는다는 측면에서, 트리테미우스의 방법은 알베르티의 방법보다 큰 장점이 있다. 특히, 단어 내에서 문자가 반복되는지 알 수 없다는 점이 암호 해독가들에게 중요한 단서가 될 수 있다.

트리테미우스의 방법으로 '모든 것이 좋다(all is well)'는 메시지를 암호화한다고 가정해 보자. 표의 맨 위에 있는 행을 평문에 사용하고, 차례로 내려오면서 각 문자를 암호문으로 만들면 된다. 작동 원리를 보여주기 위해 맞은편 표를 사용해 보겠다. 평문의 첫 번째 문자가 a이므로 1행에서 a를 가져오면 된다. 두 번째 문자의 경우, 'l'로 시작하는 열을 따라 2행으로 내려간다. 세 번째 문자는 'l' 열을 따라 3행으로 내려간다. 이 과정을 메시지가 암호화될 때까지 계속한다(45쪽 참조).

따라서 암호화된 메시지는 AMN LW BKST가 된다. 평문에서 반복되는 'l'가 암호문에서는 반복되지 않는다는 것에 주의한다.

트리테미우스의 타블로

a	b	c	d	e	f	g	h	i	j	k	l	m	n	o	p	q	r	s	t	u	v	w	x	y	z
b	c	d	e	f	g	h	i	j	k	l	m	n	o	p	q	r	s	t	u	v	w	x	y	z	a
c	d	e	f	g	h	i	j	k	l	m	n	o	p	q	r	s	t	u	v	w	x	y	z	a	b
d	e	f	g	h	i	j	k	l	m	n	o	p	q	r	s	t	u	v	w	x	y	z	a	b	c
e	f	g	h	i	j	k	l	m	n	o	p	q	r	s	t	u	v	w	x	y	z	a	b	c	d
f	g	h	i	j	k	l	m	n	o	p	q	r	s	t	u	v	w	x	y	z	a	b	c	d	e
g	h	i	j	k	l	m	n	o	p	q	r	s	t	u	v	w	x	y	z	a	b	c	d	e	f
h	i	j	k	l	m	n	o	p	q	r	s	t	u	v	w	x	y	z	a	b	c	d	e	f	g
i	j	k	l	m	n	o	p	q	r	s	t	u	v	w	x	y	z	a	b	c	d	e	f	g	h
j	k	l	m	n	o	p	q	r	s	t	u	v	w	x	y	z	a	b	c	d	e	f	g	h	i
k	l	m	n	o	p	q	r	s	t	u	v	w	x	y	z	a	b	c	d	e	f	g	h	i	j
l	m	n	o	p	q	r	s	t	u	v	w	x	y	z	a	b	c	d	e	f	g	h	i	j	k
m	n	o	p	q	r	s	t	u	v	w	x	y	z	a	b	c	d	e	f	g	h	i	j	k	l
n	o	p	q	r	s	t	u	v	w	x	y	z	a	b	c	d	e	f	g	h	i	j	k	l	m
o	p	q	r	s	t	u	v	w	x	y	z	a	b	c	d	e	f	g	h	i	j	k	l	m	n
p	q	r	s	t	u	v	w	x	y	z	a	b	c	d	e	f	g	h	i	j	k	l	m	n	o
q	r	s	t	u	v	w	x	y	z	a	b	c	d	e	f	g	h	i	j	k	l	m	n	o	p
r	s	t	u	v	w	x	y	z	a	b	c	d	e	f	g	h	i	j	k	l	m	n	o	p	q
s	t	u	v	w	x	y	z	a	b	c	d	e	f	g	h	i	j	k	l	m	n	o	p	q	r
t	u	v	w	x	y	z	a	b	c	d	e	f	g	h	i	j	k	l	m	n	o	p	q	r	s
u	v	w	x	y	z	a	b	c	d	e	f	g	h	i	j	k	l	m	n	o	p	q	r	s	t
v	w	x	y	z	a	b	c	d	e	f	g	h	i	j	k	l	m	n	o	p	q	r	s	t	u
w	x	y	z	a	b	c	d	e	f	g	h	i	j	k	l	m	n	o	p	q	r	s	t	u	v
x	y	z	a	b	c	d	e	f	g	h	i	j	k	l	m	n	o	p	q	r	s	t	u	v	w
y	z	a	b	c	d	e	f	g	h	i	j	k	l	m	n	o	p	q	r	s	t	u	v	w	x
z	a	b	c	d	e	f	g	h	i	j	k	l	m	n	o	p	q	r	s	t	u	v	w	x	y

‘All is well’ 암호화

A	b	c	d	e	f	g	h	i	j	k	l	m	n	o	p	q	r	s	t	u	v	w	x	y	z
b	c	d	e	f	g	h	i	j	k	l	**M**	n	o	p	q	r	s	t	u	v	w	x	y	z	a
c	d	e	f	g	h	i	j	k	l	m	**N**	o	p	q	r	s	t	u	v	w	x	y	z	a	b
d	e	f	g	h	i	j	k	**L**	m	n	o	p	q	r	s	t	u	v	w	x	y	z	a	b	c
e	f	g	h	i	j	k	l	m	n	o	p	q	r	s	t	u	v	**W**	x	y	z	a	b	c	d
f	g	h	i	j	k	l	m	n	o	p	q	r	s	t	u	v	w	x	y	z	a	**B**	c	d	e
g	h	i	j	**K**	l	m	n	o	p	q	r	s	t	u	v	w	x	y	z	a	b	c	d	e	f
h	i	j	k	l	m	n	o	p	q	r	**S**	t	u	v	w	x	y	z	a	b	c	d	e	f	g
i	j	k	l	m	n	o	p	q	r	s	**T**	u	v	w	x	y	z	a	b	c	d	e	f	g	h

가장 불가사의한 책: 보이니치 필사본

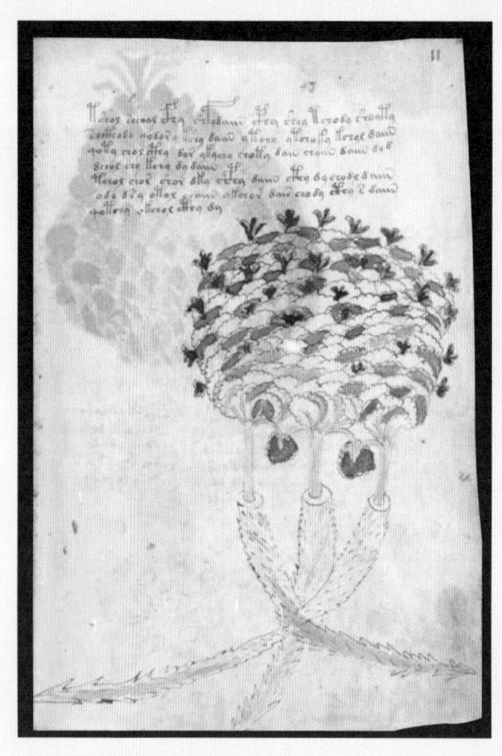

위 보이니치 필사본의 한 페이지.

1639년, 프라하 출신의 연금술사 게오르그 바레쉬(Georg Baresch)는 유명한 예수회 학자, 아타나시우스 키르허(Athanasius Kircher)에게 편지를 썼다. 수년간 자신이 성과 없이 매달려 온 책을 해독하는 데 도움을 달라는 간청이었다. 바레쉬가 말한 책은 거의 모든 페이지마다 난해한 데다 모호한 삽화가 실려 있었고, 연금술과 관계가 있는 것으로 보이지만 도무지 이해할 수 없는 글자들로 가득했다.

키르허가 이집트 상형 문자를 '해독'했다는 사실을 알고 있던 바레쉬는 불가사의한 이 책의 비밀도 풀어 주기를 기대하며 로마에 있는 키르허에게 책의 사본을 보냈다. 그러나 책을 받아본 키르허도 당혹스럽기는 마찬가지였던 것 같다. 다시 해답은 멀어져 갔다.

사실 그로부터 360년이 넘는 긴 세월이 흐르는 동안, 이 두 17세기 학자의 실패가 전혀 무안할 일이 아니라는 것이 명백해졌다. 책을 해독하려는 필사적인 시도에도 불구하고, 보이니치 필사본의 대부분이 아직도 수수께끼로 남아 있기 때문이다. 책의 이름은 1912년 로마 근처 예수회대학 도서관에서 이 책을 재발견한 폴란드의 책 애호가 윌프레드 보이니치(Wilfrid M. Voynich)에서 딴 것이다.

폭 6인치, 높이 9인치의 이 책은 232쪽으로 되어 있고, 거의 모든 페이지에 별, 식물, 인간의 형상이 담긴 난해한 삽화가 수록되어 있다. 몇몇 쪽에는 텍스트가 나선형으로 쓰여 있는가 하면, 어떤 쪽에는 텍스트가 가장자리에 구획 별로 배열되어 있다. 대부분 복잡한 그림을 위에 먼저 그리고 나서, 남은 공간에 텍스트를 끼워 넣은 것처럼 보인다.

1912년 세상에 나온 이래로 보이니치 필사본은 뛰어난 암호 분석가들로부터 주목을 받아왔다. 예를 들어 제2차 세계대전이 끝나갈 무렵, 윌리엄

56

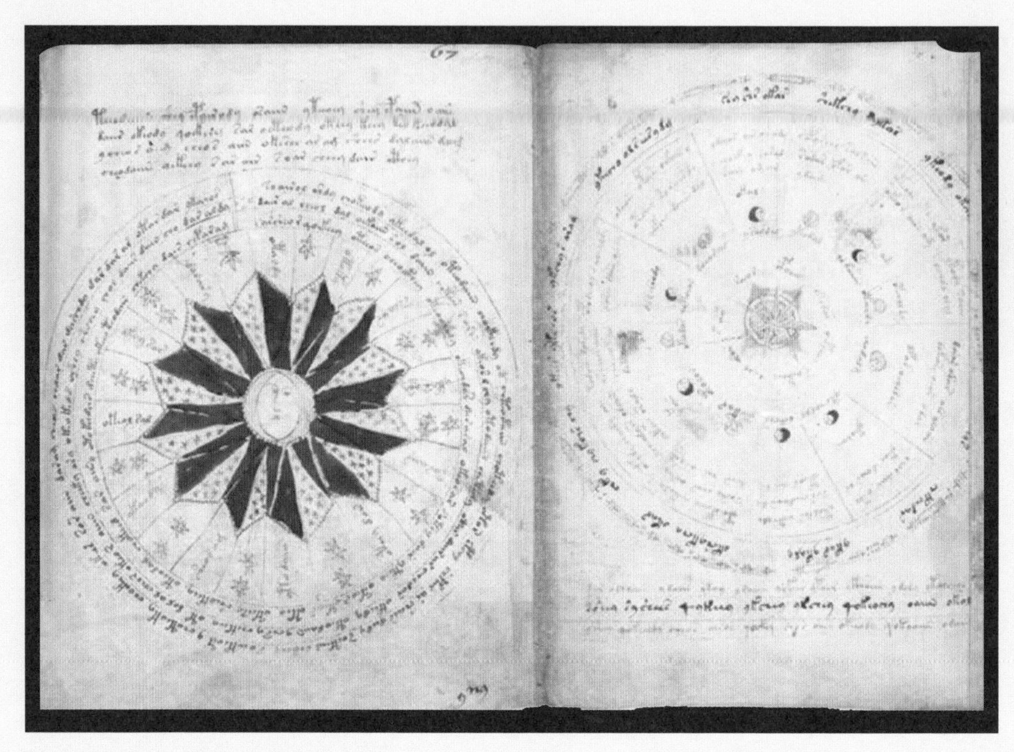

위 자연과 연금술, 암호화된 보이니치 필사본.

F. 프리드먼(William F. Friedman, 일본 외교 암호인 퍼플을 해독한 인물)은 미군 암호 분석가들의 애프터 아워 클럽에서 보이니치 필사본을 해독하려고 노력했다. 하지만 많은 이들이 그랬던 것처럼, 그들도 실패했다.

물론, 어느 정도 그럴듯한 '해답'이 나온 적도 있다. 어떤 이들은 이 책이 13세기 수도사, 로저 베이컨(Roger Bacon)의 발견과 발명을 담은 것이라고 했다. 또 어떤 이들은 이 책이 종교재판 당시 파멸을 피해 도망갔던 카타리파(Cathar)의 기도서로 게르만어나 로망스어 계열의 크리올어가 피진어(혼합어)로 쓰인 것이라고 하였다. 이 책이 날조된 것이라고 말하는 사람들도 있다. 중세 이탈리아의 협잡꾼이 의뢰인을 위해 쓴 엉터리라는 것이다. 그러나 본문의 길이나 난해함, 그럴듯하게 반복되는 문자 패턴이 이에 반론을 제기한다.

3세기가 넘도록 이 책은 호소력이 있다. 유럽 우주국 소속 과학자, 르네 잔베르겐(René Zandbergen)은 지난 15년간 이 책에 매료되었다. 쉽게 해독할 수 있을 것 같은데, 너무 많은 지성을 좌절시켰다는 것이 흥미롭다고 한다. 잔베르겐은 암호 분석가는 아니지만, 역사적 추리를 통해 필사본의 비밀 몇 가지가 드러났다. 그중에는 보이니치 필사본의 역사를 말해주는 편지(바레쉬가 키르허에게 보낸)도 포함되어 있다. 그가 보기에 이 책은 쓰인지 500년 이상 된, 의미 없는 헛소리일 가능성이 크다고 한다.

'만약 헛소리가 아니라면, 내가 생각할 수 있는 유일한 가능성은 이 책의 단어들이 오히려 넘버링

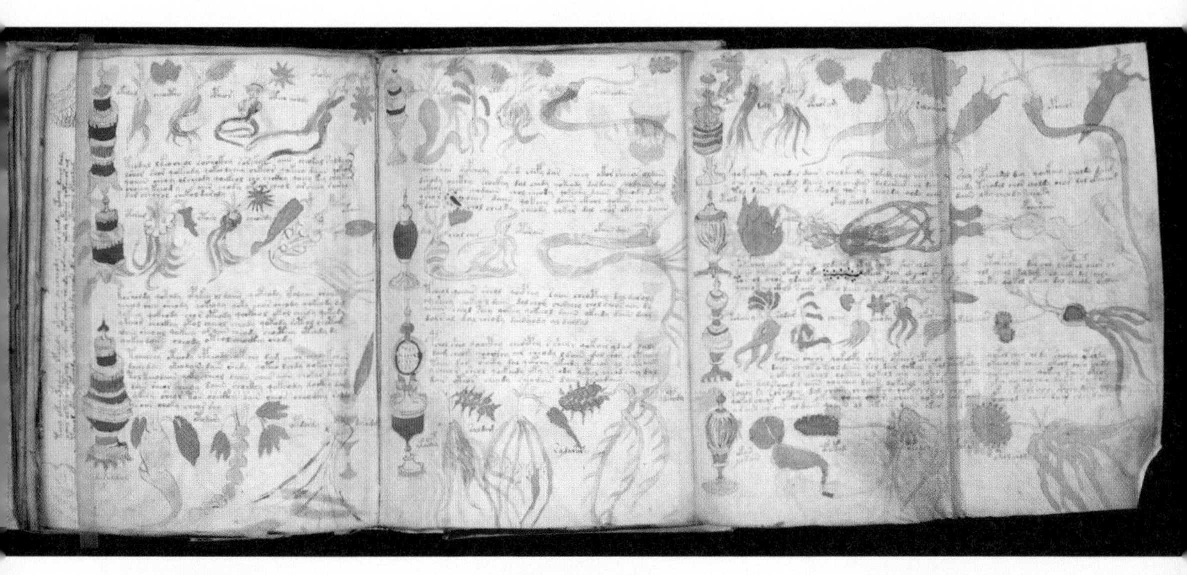

위 초본과 잡초 그림이 실린 보이니치 필사본의 한 부분.

시스템(번호를 붙이는 방식)에 가깝다는 것이다.' 여기서 넘버링 시스템은 사이퍼보다는 코드가 될 것이다. 그럴 경우, 해독을 위해 이 책의 코드북이나 유럽의 오래된 도서관 중 한 곳에 숨겨진 다른 문서를 찾아야 할 것이다.

그러나 보이니치가 마침내 그 비밀을 드러낼 것이라는 희망은 있다. 2014년, 영국 베드포드셔대학의 응용언어학 교수 스티븐 백스(Stephen Bax)는 필사본 해독을 위해 새로운 접근 방식을 취했다. 책에 실린 식물 표본을 최대한 식별한 후, 이를 해당 식물의 이름과 연관지어 암호 알파벳이 생성됐는지 보는 것이다. 백스가 첨단 컴퓨터를 사용하여 필사본의 정보를 처리하는 대신, 이와 같은 '상향식' 접근법을 사용한 이유는 이집트 상형 문자와 선문자 B를 해독할 때도 이러한 방법으로 성공했기 때문이다.

다른 중세 초본서들을 분석한 결과, 백스는 삽화 속 식물의 이름이 같은 페이지 본문 첫 번째 줄, 첫 번째 단어일 가능성이 있다는 가설을 내놓았다. 첫 시도에서 그는 필사본의 15쪽과 16쪽을 검토하였다. 백스는 이후 텍스트에 반복하여 등장하는 OROR에 주목했다. 그는 이것이 '노간주나무(juniper)'를 의미하는 아랍어 또는 히브리어 단어(arar)를 나타낼 수 있으며, 같이 나오는 삽화는 지중해 동부에서 흔히 볼 수 있는 가시노간주나무(*Juniperus oxycedrus*)를 그린 것이라는 의견을 제시했다.

그는 해당 소리를 이용하여 9개의 추가 단어를 식별하고, 추가로 14개의 기호와 연속 모음의 대략적인 음가를 제시하는 것으로 이러한 식별을 강화했다. 이를 통해 백스가 내린 결론은 보이니치 필사본이 날조는 아니지만, 정교한 사이퍼도 아니라는 것이었다. 그는 이 필사본이 자연계를 공들여 설명하는 학술 논문이며, '문화 간에 정보를 이해하고 전파하기 위한 설명서 역할을 하는 것 같다'는 견해를 피력했다. 안타깝게도, 2017년 백스는 세상을 떠났지만, 다른 이들이 그의 연구를 계속해 나갈 것이다.

코드 분석

다중문자 암호(사이퍼)

위 블레즈 드 비즈네르(1523–1596), 프랑스의 외교관이자 크립토그래퍼.

비즈네르의 책은 다중문자 암호의 발전에 또 한 번의 중요한 도약을 가져왔다. 메시지를 암호화하면서 암호표의 어느 행을 사용할 것인가를 결정할 때 사용할 수 있는 다양한 키(비밀 값)를 제시한 것이다. 즉, 단순히 각각 다른 암호 알파벳을 순환하는 대신, 메시지를 보내는 사람이 암호 알파벳을 구체적인 순서에 따라 사용하는 방법이다. 예컨대, 'cipher'라는 단어가 키로 사용된다면, c, i, p, h, e, r로 시작하는 행이 차례로 메시지 암호화에 사용되는 것이다.

이 방식으로 메시지를 암호화할 때는, 평문을 정렬한 후 그 위에 키워드를 반복해서 쓴다. 메시지의 각 문자는 키에 해당하는 문자로 시작하는 행을 이용하여 암호화된다.

키	c	i	p	h	e	r	c	i	p	h	e	r	c	i
평문	a	v	o	i	d	n	o	r	t	h	p	a	s	s
암호문	C	D	D	P	H	E	Q	C	I	O	T	S	Q	A

평문이 '북쪽 경로는 피하라(avoid north pass)'라고 가정해 보자. 첫 번째 문자인 a를 암호화하려면 그 위에 쓰인 키 문자, c로 시작하는 행을 이용하면 된다.

먼저 맞은편 암호표에서 a가 맨 위에 있는 열을 찾아 손가락을 짚은 채 내려오다 c로 시작하는 행과 교차하는 지점에서 멈춘다. 따라서 암호문은 C가 될 것이다. 메시지의 두 번째 문자를 암호화할 때도 과정은 똑같다. v로 시작하는 열을 따라 내려오다 I로 시작하는 행에 이르면 멈춘다. 그 결과 D가 암호문이 된다.

다중문자 암호는 빈도 분석으로 쉽게 해독되지 않는다. 그러나 암호화된 텍스트의 문자 빈도를 세는 것으로도 풀어야 할 암호의 본질에 대해 어느 정도 귀중한 단서를 얻을 수 있다. 반복되는 키를 알아내는 비결은 암호문에서 반복되는 문자열을 찾는 것이다.

이 과정은 힘들 뿐 아니라 풍부한 상상력과 끝없는 인내를 필요로 한다.

다중문자 암호

a	b	c	d	e	f	g	h	i	j	k	l	m	n	o	p	q	r	s	t	u	v	w	x	y	z
b	c	d	e	f	g	h	i	j	k	l	m	n	o	p	q	r	s	t	u	v	w	x	y	z	a
C	d	e	f	g	h	i	j	k	l	m	n	o	p	q	r	s	t	u	v	w	x	y	z	a	b
d	e	f	g	h	i	j	k	l	m	n	o	p	q	r	s	t	u	v	w	x	y	z	a	b	c
e	f	g	h	i	j	k	l	m	n	o	p	q	r	s	t	u	v	w	x	y	z	a	b	c	d
f	g	h	i	j	k	l	m	n	o	p	q	r	s	t	u	v	w	x	y	z	a	b	c	d	e
g	h	i	j	k	l	m	n	o	p	q	r	s	t	u	v	w	x	y	z	a	b	c	d	e	f
h	i	j	k	l	m	n	o	p	q	r	s	t	u	v	w	x	y	z	a	b	c	d	e	f	g
i	j	k	l	m	n	o	p	q	r	s	t	u	v	w	x	y	z	a	b	c	**D**	e	f	g	h
j	k	l	m	n	o	p	q	r	s	t	u	v	w	x	y	z	a	b	c	d	e	f	g	h	i
k	l	m	n	o	p	q	r	s	t	u	v	w	x	y	z	a	b	c	d	e	f	g	h	i	j
l	m	n	o	p	q	r	s	t	u	v	w	x	y	z	a	b	c	d	e	f	g	h	i	j	k
m	n	o	p	q	r	s	t	u	v	w	x	y	z	a	b	c	d	e	f	g	h	i	j	k	l
n	o	p	q	r	s	t	u	v	w	x	y	z	a	b	c	d	e	f	g	h	i	j	k	l	m
o	p	q	r	s	t	u	v	w	x	y	z	a	b	c	d	e	f	g	h	i	j	k	l	m	n
p	q	r	s	t	u	v	w	x	y	z	a	b	c	d	e	f	g	h	i	j	k	l	m	n	o
q	r	s	t	u	v	w	x	y	z	a	b	c	d	e	f	g	h	i	j	k	l	m	n	o	p
r	s	t	u	v	w	x	y	z	a	b	c	d	e	f	g	h	i	j	k	l	m	n	o	p	q
s	t	u	v	w	x	y	z	a	b	c	d	e	f	g	h	I	j	k	l	m	n	o	p	q	r
t	u	v	w	x	y	z	a	b	c	d	e	f	g	h	i	j	k	l	m	n	o	p	q	r	s
u	v	w	x	y	z	a	b	c	d	e	f	g	h	i	j	k	l	m	n	o	p	q	r	s	t
v	w	x	y	z	a	b	c	d	e	f	g	h	i	j	k	l	m	n	o	p	q	r	s	t	u
w	x	y	z	a	b	c	d	e	f	g	h	i	j	k	l	m	n	o	p	q	r	s	t	u	v
x	y	z	a	b	c	d	e	f	g	h	i	j	k	l	m	n	o	p	q	r	s	t	u	v	w
y	z	a	b	c	d	e	f	g	h	i	j	k	l	m	n	o	p	q	r	s	t	u	v	w	x
z	a	b	c	d	e	f	g	h	i	j	k	l	m	n	o	p	q	r	s	t	u	v	w	x	y

다중문자 암호

a	b	c	d	e	f	g	h	i	j	k	l	m	n	o	p	q	r	s	t	u	v	w	x	y	z
b	c	d	e	f	g	h	i	j	k	l	m	n	o	p	q	r	s	t	u	v	w	x	y	z	a
C	d	e	f	g	h	i	j	k	l	m	n	o	p	q	r	s	t	u	v	w	x	y	z	a	b
d	e	f	g	h	i	j	k	l	m	n	o	p	q	r	s	t	u	v	w	x	y	z	a	b	c
e	f	g	h	i	j	k	l	m	n	o	p	q	r	s	t	u	v	w	x	y	z	a	b	c	d
f	g	h	i	j	k	l	m	n	o	p	q	r	s	t	u	v	w	x	y	z	a	b	c	d	e
g	h	i	j	k	l	m	n	o	p	q	r	s	t	u	v	w	x	y	z	a	b	c	d	e	f
h	i	j	k	l	m	n	o	p	q	r	s	t	u	v	w	x	y	z	a	b	c	d	e	f	g
i	j	k	l	m	n	o	p	q	r	s	t	u	v	w	x	y	z	a	b	c	**D**	e	f	g	h

블랙 체임버(암호 해독기구)의 시대

비즈네르 암호는 단일 치환 문자 암호보다 훨씬 해독하기 어렵다. 그런데도 크립토그래피 역사가들이 아는 한 다중문자 암호는 수백 년간 널리 사용되지 않았다. 대부분의 경우 노멘클레이터가 가장 많은 선택을 받았는데, 그 이유는 아마 다중문자 암호가 높은 보안성에도 불구하고, 사용하는 데 시간이 오래 걸리고 정확하지 않은 경우가 많았기 때문일 것이다.

실제로, 역사상 가장 실력 있는 크립토그래퍼(암호화 기술자) 중 한 명이 오랫동안 성공적인 경력을 쌓을 수 있었던 것도 교묘한 노멘클레이터를 고안할 수 있는 능력 덕분이었다. 그의 이름은 앙투안 로시뇰(Antoine Rossignol)로, 1600년에 태어났다. 그는 프랑스 최초의 전임 암호학자이자 암호학자에게 바치는 첫 번째 시의 주인공이었다. 로시뇰의 친구이자 시인 부아로베르(Boisrobert)가 로시뇰을 위해 쓴 시가 유명하다. 로시뇰은 루이 13세 궁정의 핵심 인물로, 유럽에서 가장 숙련된 암호 분석가로 유명해졌으나, 사실 재능있는 크립토그래퍼이기도 했다.

위 루이 13세 (1601–1643), 정의왕(le Juste)으로 불리며 1610년에서 1643년까지 프랑스를 통치했다.

로시뇰은 1626년 왕과 궁정으로부터 처음 주목을 받게 되었다. 포위된 레알몽 시(市)를 나서는 전령에게서 빼앗은 편지를 빠르게 해독한 것이 계기였다. 그가 해독한 내용에 따르면, 레알몽을 장악한 위그노 세력은 보급품이 절실하여 항복 직전에 있었다. 편지는 해독된 상태로 레알몽 시민들에게 다시 전달되었다. 이에 시민들이 항복하면서 왕의 군대는 쉽게 승리를 거둘 수 있었다.

루이 13세와 장군들은 이런 재능을 대단히 중요하게 여겼다. 로시뇰이 계속해서 자신의 가치를 입증하면서 그에게 막대한 특권과 부가 쏟아졌다. 임종을 앞둔 루이 13세가 여왕에게 로시뇰이야말로 국가에 가장 필요한 인재라고 말하기도 했다.

로시뇰은 높은 평가를 받으며 후계자인 태양왕 루이 14세의 궁정에서도 확고한 자리를 지킬 수 있었고, 그의 재산은 쌓여만 갔다.

암호를 해독하는 아버지와 아들

로시뇰의 아들, 보나방튀르(Bonaventure) 역시 유능한 크립토그래퍼로 성장하면서 두 사람은 함께 '위대한 암호'를 고안하였다. 이 암호는 강화된 단일 문자 치환 암호의 일종으로 해독이 특히 어려웠다. 개별 문자가 아닌 음절을 치환하는 방식이었고 수많은 트릭을 포함했기 때문이다. 그중에는 '선행하는 코드군(codegroup)을 무시하라'는 의미의 코드군도 있었다.

위대한 암호는 한동안 왕의 가장 내밀한 메시지를 암호화하는 데 사용되었다. 그러나 두 부자가 죽은 후부터 사용하지 않게 되면서 암호 시스템의 정확한 세부 내용도 잊혔다. 해독하기 어려운 것이 강점인 만큼, 위대한 암호는 여러 세대를 거치며 해독되지 않은 상태로 남아 있다. 결과적으로 궁정 기록보관소에 있는 많은 양의 암호화된 서신들 역시 읽을 수 없었다.

1890년까지는 그랬다. 그해, 위대한 암호를 이용하여 쓴 새로운 편지들이 또 한 명의 유명한 프랑스 암호 분석가인 에티엔 바제리에(Étienne Bazeries) 사령관에게 전달되었다. 그는 해답을 찾기 위해 3년간 각고의 노력을 기울였고, 마침내 암호의 본질에 대해 깨달았다. 특정 순서로 반복되는 숫자, 124-22-125-46-345가 '적(les ennemis)'을 의미한다는 것을 추측해낸 것이 계기였다. 그 하나의 단서에서 시작하여 그는 전체 암호를 풀 수 있었다. 덧붙여, 역사가들은 바제리에를 원통형 암호화 장치를 발명한 인물로도 기억한다. 그가 고안한 장치는 총 20개의 회전자로 구성되어 있으며 각 회전자는 25개의 알파벳 문자를 가지고 있다. 프랑스군은 이 암호 방식을 외면하였으나, 미군은 1922년 이를 도입하였다.

로시뇰 부자의 대성공은 프랑스 통치자들에게 적대 세력으로부터 암호화된 메시지를 가로채는 것이 대단히 가치 있는 일임을 각인시켰다. 로시뇰 부자의 권고로 프랑스는 이 임무를 수행할 최초의 전담 기구를 설립했다. '캐비네 느와'(Cabinet Noir, 블랙 체임버)로 불리는 프랑스의 암호 해독가 팀은 1700년대부터 꾸준히 외국 외교관들의 전보를 가로채 해독하는 일을 하고 있었다.

더 놀라운 점은, 이처럼 제도화된 암호 분석이 18세기 유럽 전역에서 관행으로 자리 잡았다는 것이다. 그중 가장 유명한 기구 중 하나가 비엔나에 있었다(Geheime Kabinets-Kanzlei, 대략 비밀 법률 사무소란 뜻이다).

비엔나의 블랙 체임버는 합스부르크 왕조의 650년 역사에서 유일한 여성 통치자였던 마리아 테레지아 여제의 통치 기간에 설립되었으며, 능률이 높기로 유명했다. 사실 그래야만 했다. 비엔나는 1700년대 유럽의 상업적, 외교적 거점 중 하나였기 때문에 매일 많은 양의 우편물이 비엔나의 우체국을 거쳐갔기 때문이다. 블랙 체임버는 그 점을 최대한 활용했다. 현지 대사관들로 배달될 예정인 모든 우편물은 아침 7시경 블랙 체임버로 먼저 배달되었다. 그러면 직원들이 중요한 부분을 읽고 복사한 다음 편지를 다시 밀봉하여 아침 9시 반쯤 각 대사관으로 보냈다. 단순히 비엔나를 거쳐 가는 우편물도 비슷한 방법으로 처리되었을 것이다. 조금 더 여유를 두고서라도 말이다.

모든 암호 메시지는 숙련을 요하는 분석 대상이었다. 비엔나의 블랙 체임버는 암호 분석가 견습생들을 위해 완벽하게 갖춰진 훈련 프로그램을 운영했기 때문에, 잘 훈련된 전문가들을 꾸준히 공급함으로써 테레지아 여제가 경쟁에서 선두를 지킬 수 있도록 하였다.

당시에 영국도 자체적인 암호 분석 기구를 가지고 있었다. 해독 분과(Deciphering Branch)라는 교묘한 이름이었다. 이 정부기구는 훗날 세인트 데이비스 주교가 되는 에드워드 윌리스(Edward Willes) 신부와 그의 아들이 통치했다는 점에서 일종의 패밀리 비즈니스(가업)이기도 했다.

윌리스 부자와 동료 암호 해독가들은 체신부(the Post Office)의 두 첩보 부서인 비밀 사무소와 개인 사무소에서 입수한 편지들을 전달받았다. 그들의 노력 덕분에 영국 왕과 정부는 프랑스, 오스트리아, 스페인, 포르투갈 등의 음모를 알게 되었다. 예를 들어, 잉글랜드의 암호 해독가들이 암호화된 편지에서 입수한 정보를 통해 스페인이 7년 전쟁에서 잉글랜드에 대항하여 프랑스와 동맹을 맺었다는 사실을 알 수 있었다.

그러나 상습적인 편지 개봉은 해외발(發) 메시지에만 국한되지는 않았

왼쪽 7년 전쟁 기간인 1762년 뉴펀들랜드, 세인트존스에서 패배한 프랑스군. 영국은 새로 설립된 '해독 분과'를 통해 7년 전쟁 동안 중요한 정보를 입수할 수 있었다.

다. 곧 정치인들은 자신들의 서신 역시 감시 대상이라는 것을 알았다.

19세기 후반, 허버트 조이스(Herbert Joyce)는 자신의 책 『체신부의 역사』에서 다음과 같이 썼다.

> 1735년 이미 국회의원들은 자신들의 편지에 체신부에서 열어본 명백한 흔적이 있다고 불만을 토로하기 시작했다. 편지 개봉이 잦아지면서 악명이 높아지고 있다고 주장했다.(…) 체신부에 직속 총재로부터 독립되어 국무장관의 직접 지시를 받는 개인 사무소가 있어 편지를 개봉하고 검열하는 목적으로 특별히 유지되고 있다는 사실이 드러났다. 이러한 활동이 외국과의 서신에만 국한된 척했지만 실제로는 그러한 제한이 없었다. 이처럼 부끄러운 사실이 하원 위원회의 보고서를 통해 알려지게 된 것은 1742년 6월이었다.

전체적으로 블랙 체임버들이 보여준 뛰어난 실력으로 인해 크립토그래퍼들은 비즈네르와 같은 다중문자 암호를 사용해야 한다는 부담이 커졌다. 머지않아 그 부담은 과학기술의 발전으로 몇 배 더 증가하였다. 전자통신의 시대가 도래하면서 모든 것이 다시 변하기 직전이었다.

TOUJOURS SEUL!!!
OU
LE MASQUE DE FER

CELESTIN NANTEUIL

PAROLES DE
E. BARATEAU.

MUSIQUE DE
AD. BOÏELDIEU.

N°1, Ténor ou Soprano. | N°2, Baryton ou Contralto.
PARIS.
Passage Choiseul, 78. L. B. Jouard Éditeur

위 이 이야기의 극적인 요소들이 극작가와 영화 제작자들의 상상력을 자극했다.

철가면을 쓴 남자

철가면을 쓴 남자의 수수께끼는 수 세기를 거치며 예술가들의 마음을 사로잡았다. 시인, 소설가, 영화감독들은 17세기 말 프랑스에서 감옥에 투옥된 채 신원 미상으로 살았던 남자의 진짜 정체를 탐구해 왔다. 이 이야기는 암호 분석 역사에서 눈에 띄는 위업 한 가지를 촉발하기도 했다. 모든 것은 1698년, 수수께끼의 남자가 바스티유 감옥에 수감되면서 시작되었다. 최소 1687년부터 프랑스 정부의 포로였지만 그의 얼굴은 언제나 가면으로 덮여 있었다. 아무도 그가 누구인지, 무슨 범죄를 저질렀는지 알지 못하는 것 같았다. 가면으로 얼굴을 가리는 형벌을 받았다는 것 외에는 말이다.

볼테르는 자신의 책, 『루이 14세의 시대』를 통해 이 얼굴 없는 사나이의 이야기를 최초로 기록했다. 그는 가면을 쓴 남자가 생뜨-마르그리뜨 섬에서 바스티유 감옥으로 이송되었으며(그전에 이탈리아 피뉴롤의 요새에 있다가) 1703년 약 60세의 나이로 그곳에서 사망했다고 기록했다.

볼테르도 1717년 바스티유 감옥에 1년 동안 수감된 적이 있으며, 가면을 쓴 남자가 루이 14세의 형제라는 것을 노골적으로 암시했다. 그가 왕과 동갑이며 유명한 누군가와 똑같이 생겼다고 언급한 것이다. 알렉상드르 뒤마(Alexander Dumas)도 자신의 소설에서 거의 같은 이야기를 했다. 이 근거 없는 이야기는 노련한 암호학자 에티엔 바제리에가 19세기에 밝힌 명백한 증거에도 불구하고 오늘날까지 회자되고 있다. 바제리에는 숫자 암호군이 텍스트의 음절과 관련이 있다는 사실을 발견함으로써 루이 14세의 '위대한 암호'를 해독하였고, 그 결과 갑자기 많은 비밀이 세상에 드러났다. 궁정에 보관되었던 고위급 서신들도 해독이 가능해졌다.

어느 날 바제리에는 1691년 7월자 전보를 해독하였다. 이탈리아 북부 마을의 포위를 해제하여 프랑스군에 패배를 안긴 한 지휘관에게 왕이 몹시 화가 나 있다는 내용이었다. 전보는 패배에 책임이 있는 불롱드(Bulonde)의 군주 비비엥 라비(Vivien Labbé)를 체포할 것과 군대가 그를 '피뉴롤의 요새로 호송할 것'을 명령했다. 그리고 '그곳에서 밤에는 그를 요새의 감방에 가두어 감시하고 낮에는 330 309와 함께 총안이 있는 흉벽을 걸을 수 있는 자유를 주는 것이 폐하의 바람'이라는 내용도 있었다. 그런데, 메시지의 끝에 있는 두 개의 암호군(330 309)이 전보의 다른 곳에서는 보이지 않았다. 그래서 바제리에는 그 두 개의 암호군이 '가면'과 마침표를 의미한다고 별다른 근거 없이 대담한 결론을 내렸다. 전보는 거짓 흔적이었을까? 불롱드의 군주가 1703년에도 여전히 살아 있었다는 제언들은 다 무엇이었을까? 철가면을 쓴 남자의 후보로는 보포르 공작(Duc de Beaufort)과 루이 14세의 생물학적 아들인 베르망두아 백작(Comte de Vermandois)이 포함된다. 철가면을 쓴 남자의 정체는 한동안 풀리지 않는 비밀로 남을 것 같다.

제3장

기지

과학기술은 암호학에 혁명을 가져왔지만,
여전히 많은 수의 암호들이 풀리지 않고 있다.
이중문자, 플레이페어, 엘가의 수수께끼.

19세기 중반 암호학 분야에 또 하나의 커다란 변화가 있었다. 새로운 통신 기술이 탄생하면서 크립토그래퍼들에게 새로운 암호화 방법이 필요해진 것이다.

변혁은 1844년 시작되었다. 미국인 발명가 새뮤얼 모스(Samuel Morse)가 볼티모어, 메릴랜드, 워싱턴 D.C. 간 거의 60km(40마일)의 거리를 연결하는 최초의 전신선(telegraph line)을 구축한 것이 계기였다. 그해 5월 24일 모스는 '신은 무엇을 만드셨는가(What hath God wrought)'라는 유명한 성경 구절을 워싱턴의 대법원에서 볼티모어에 있는 자신의 조수 알프레드 베일에게 전보로 보냈다.

이는 최초의 모스 부호로, 메시지는 아래와 같이 전송되었을 것이다.

.-- .... .- - .... .- - .... --. --- -.. .-- .-. --- ..- --. ....-

이 메시지의 전송으로 모스는 장거리 전기 통신이 가능하다는 것을 세상에 증명했으며, 사회에 지대한 영향을 미칠 변혁을 촉발했다. 머지않아, 사업가들은 이 기술을 이용하여 거의 즉석에서 거래를 성사시켰고, 신문들은 이 기술의 속도를 활용하여 뉴스를 더욱 빨리 수집하였으며, 정부 부처들은 이 기술을 국내 및 국제 통신에 사용하였다. 몇십 년

맞은편 새뮤얼 모스(1791 – 1972), 모스 부호(Morse Code) 발명가.

ELECTRICITY AND MAGNETISM. [PART II.

MORSE ALPHABET.

(INTERNATIONAL MORSE.)

Letters.

Numbers.

Stops and Signs.

Period, or full-stop

Repeat, or interrogation

Hyphen

Dash

Apostrophe

Parenthesis

위 아메데 기유밍(Amedee Guillemin)의 『전기와 자기(Electricity and Magnetism, 1891)』에 나오는 모스 부호.

오른쪽 초기 모스 부호 기계를 이용한 메시지 전송(1845년경).

안에 전신 케이블망이 대양을 가로질러 지구상의 모든 대륙으로 연결되면서 전 세계의 실시간 통신은 현실이 되었다.

그러나 속도가 빠른 대신, 전신은 한 가지 눈에 띄는 단점을 가지고 있었다. 보안성이 현저하게 떨어졌다. 모스는 짧은 전류와 긴 전류를 이용한 모스 부호로 메시지를 보내는 시스템을 발명하였지만, 모스 부호 코드북이 공유 대상이었기 때문에 비밀 유지 차원에서는 무용지물이었다. 1853년 잉글랜드 계간지 《쿼털리 리뷰(Quarterly Review)》의 한 기사에서 이 문제를 다루었다.

> 전신을 이용한 사설 통신과 관련하여, 현재 대두되는 커다란 결함(비밀 침해)을 없애줄 조치가 필요하다. 어떤 경우에도 여섯 명의 사람은 누군가가 다른 이에게 보내는 전보의 모든 내용을 알 것이다.

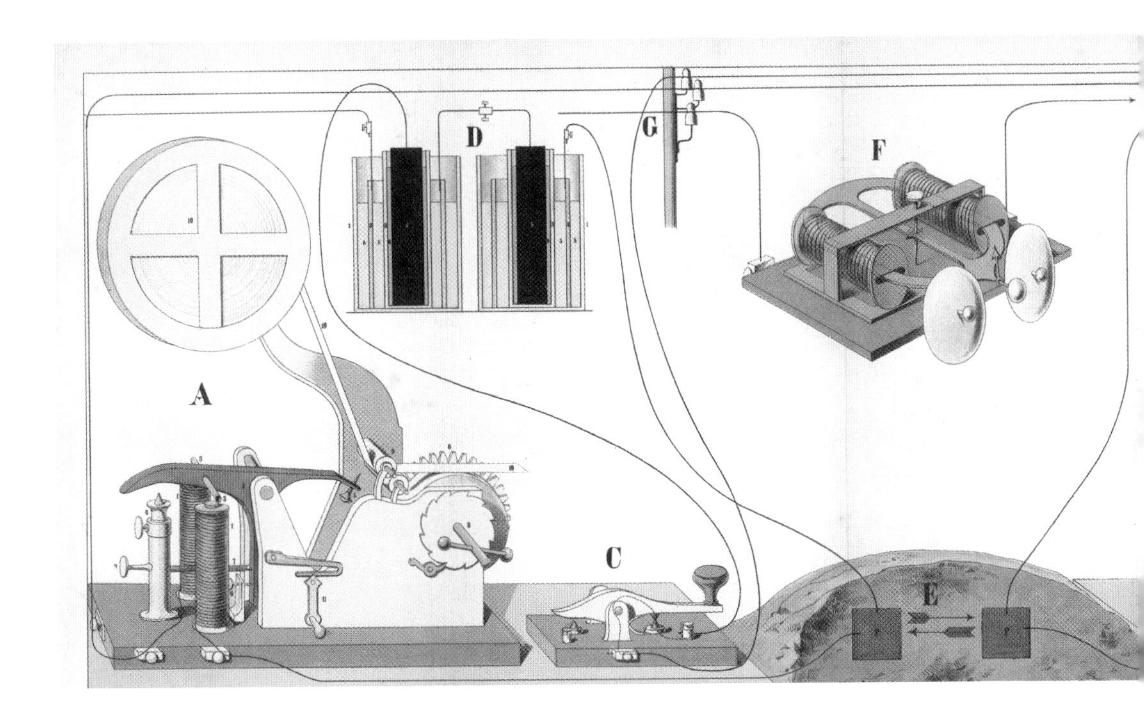

위 모스 전신 기계(1882년경). A는 전송을 담당하는 부분이고, C는 전류를 단속(on/off)하는 '키'이며, F는 음향기이다.

문제는 전보를 보내는 직원이 전송을 위해 메시지를 읽어야 한다는 것이었다. 이 문제를 인식한 수십 명의 사람이 자칭 '풀 수 없는' 암호를 고안해 내기에 이르렀다. 평문 메시지가 어떤 방법으로든 암호화되면, 변환된 텍스트가 메시지의 실제 의미를 모르는 전보 교환원을 통해 모스 부호의 점과 선으로 바뀌는 방식이었다. 곧 이러한 요구를 충족시키기 위해 수많은 개인 암호 시스템이 발전하였다. 그중 다수는 아마추어들이 개발하였다.

군대 역시 새로운 기술을 채택했다. 전술 메시지의 경우, 코드나 노멘클레이터는 수많은 전신국에 재발행하기 어렵다는 점에서 기피되었다. 곧 중요한 군사 메시지들은 '해독 불가능한' 암호(chiffre indéchiffrable)로 알려진 구식의 다중문자 비즈네르 암호를 이용하여 암호화되었다.

전신은 크립토그래피에 일대 변혁을 가져온 공신이다. 전신은 암호 메시지를 수천 마일 떨어진 곳까지 단숨에 전달했을 뿐 아니라 코드와 노멘클레이터의 450년을 끝내고 사이퍼의 시대가 오게 했다.

연애와 문학에 사용된 암호

전신을 이용하는 장군, 외교관, 사업가들에게 전보의 비밀을 보장하는 수단으로 크립토그래피 사용이 권장되었다. 그러나 이와 같은 크립토그래피의 부흥은 국정이나 상업 같은 거창한 일에만 국한되지 않았다.

같은 시기, 일반인들도 암호라는 개념에 좀 더 익숙해졌고, 개인 메시지를 지정된 수신자만 읽을 수 있도록 사용하였다.

빅토리아 시대 후기의 젊은 연인들은 신문의 개인 광고란—글쓴이가 연애 고민을 털어놓으므로 '고민 상담란'으로 알려진—에 암호화된 메시지를 게재하였다. 못마땅해하는 부모와 타인의 눈을 피해 연애하는 그들만의 방법이었다. 이 상처받은 로맨티스트들이 사용했던 코드와 사이퍼는 대체로 매우 단순했기 때문에, 아마추어 암호 분석가들이 메시지를 해독하고 거기 담긴 성적인 내용을 폭로하며 놀림거리로 만들기도 하였다.

가령, 유명한 암호학자였던 영국 왕립학회 특별회원 찰스 휘트스톤(Charles Wheatstone)과 세인트 앤드류스 최초의 남작 라이언 플레이페어(Lyon Playfair)는 일요일 오후의 소일거리로 이 메시지들을 해독하고는 했다. 런던의 해머스미스 다리를 함께 건너며, 두 친구는—둘 다 키가 작고 안경을 썼다— 〈더 런던 타임스(The Times of London)〉의 개인 광고란을 훑고는 했다.

한번은 휘트스톤과 플레이페어가 옥스퍼드 학생과 그의 연인이 주고받은 메시지를 해독했다. 함께 사랑의 도피를 하자는 학생의 제안에, 휘트스톤은 커플이 사용하는 암호로 자신이 직접 광고를 냈다. 무모한 계획을 당장 포기하라는 내용이었다. 곧이어 또 다른 메시지가 게재되었다. "사랑하는 찰리: 메시지는 여기까지. 우리 암호가 해독됐어!"

암호에 대한 대중의 관심이 커지면서 문학에도 영향을 미쳤다. 19세기의 가장 유명한 작가 몇 명이 자신의 소설에 암호 기술을 등장시킨 것이다. 예를 들어, 윌리엄 메이크피스 새커리(William Makepeace Thackeray)는 1852년작 『헨리 오스몬드의 역사』에서 스테가노그래피 기술을 등장시켰다. 그가 인용한 기술은 16세기 이탈리아 의사가 만든 '카르다노 격자'(Cardano grille)로 알려져 있다. 판지로 된 격자 안에는 텍스트 한 줄 높이에 맞춰 여러 개의 직사각형 구멍이 나 있다.

카르다노 격자로 메시지를 암호화하려면, 구멍이 나 있는 판지를 백지 위에 올리고 구멍 안에 암호문을 작성한다. 그런 다음 판지를 떼고 의미 없는 텍스트로 종이의 여백을 채운다. 메시지를 해독하려면, 똑같은 디자인의 격자(판지)를 종이 위에 올리고 비밀 메시지를 읽으면 된다. 이와 같은 장치들은 제2차 세계대전까지도 사용되었다.

아래 지롤라모 카르다노(Girolamo Cardano, 1501–1576), 이탈리아의 수학자이자 철학자, 카르다노 격자의 발명가이다.

독창적인 배비지 교수

찰스 배비지(Charles Babbage)는 19세기 암호학을 거쳐간 모든 이를 통틀어 가장 매력적인 인물이다.

잉글랜드 출신의 괴짜였던 배비지는 경이로운 두뇌의 소유자였다. 표준 우편 요금제를 창안하고, 신뢰할 만한 최초의 보험 통계표를 만들었으며, 속도계를 발명하였고, 나무 나이테의 폭은 그 해의 기후에 좌우된다는 사실을 발견하였다.

그러나 그는 기계식 계산(mechanical computing)의 아버지 중 한 사람으로 가장 유명하다. 배비지는 자신의 자서전에서 1812년에 있었던 사건 하나를 회고했다. 그가 케임브리지에 있는 분석학회실에 앉아 눈앞에 놓인 대수표를 보며 공상에 잠겨 있을 때였다. '회원 한 명이 방에 들어오다 반쯤 졸고 있는 나를 보며 물었다. "이봐, 배비지, 무슨 꿈을 꾸고 있나?" 내가 대답했다. "이 표들을(대수표를 가리키며) 기계로 계산할 수는 없을까 생각하고 있었지."'

1820년대 초가 되자, 배비지는 높은 정확도로 대수표를 계산할 수 있는 기계를 만들 계획을 세웠다. 그는 그 기계를 '미분기(Difference Engine)'라 불렀고, 총 15톤의 무게에 25,000개의 부품이 필요할 것이라고 판단했다. 그러나 17,000파운드의 정부 기금을 받고 자신도 수천 파운드를 투자했음에도 불구하고, 미분기는 끝내 완성되지 않았다.

미분기 프로젝트가 중단되었을 무렵, 배비지는 더욱 경이로운 아이디어를 냈다. 다양한 (계산)문제를 풀 수 있는 '해석 기관(Analytical Engine)'이었다. 그는 1871년 죽기 전까지 프로그램이 가능한 이 컴퓨터의 전신을 설계하는 데 몰두했다.

배비지는 1792년 태어났으며, 수학에 대한 그의 열정은 병약했던 어린 시절부터 생겨난 것으로 보인다. 그는 또한 암호 분석에도 일찍부터 관심을 보였는데, 훗날 그의 회상에 따르면, 이 취미가 때때로 상급생들의 격분을 불러일으켰다고 한다.

'상급생들이 암호를 만들면, 나는 몇 단어만 가지고도 키를 알아내고는 했다. 이러한 창의력의 결과는 때때로 고통스러웠다. 들통나 버린 암호의 주인들이 나를 때리곤 했기 때문이다.'

하지만 폭력이 암호 분석에 대한 그의 관심을 막지는 못한지라, 성인이 된 배비지는 사교계에서 인정받는 암호 분석가가 된 것으로 보인다. 1850년, 그는 찰스 1세의 비(妃), 헨리에타 마리아의 암호를 풀었고, 한 전기작가를 도와 잉글랜드 최초의 왕실 천문학자(Astronomer Royal)인 존 플램스티드(John Flamsteed)가 속기로 쓴 메모를 해독했다. 1854년, 한 변호사는 사건의 증거로 필요한 암호 편지를 해독하기 위해 그의 도움을 구하기도 했다.

동시대 인물인 휘트스톤, 플레이페어와 마찬가지로, 배비지는 신문 고민 상담란에 실리는 암호문 해독을 좋아했다. 하지만 그의 관심은 결코 쉬운 암호를 푸는 것에 국한되지 않았다. 실제로도 배비지는 당시 깨지지 않을 것 같던 다중문자 암호를

위 1834년도의 '해석 기관'.

풀 수 있었던 것으로 알려져 있다.

그러나 배비지의 엄청난 업적은 현대에 이르러서야 인정받기 시작했다. 그가 꿈꾸었던 수많은 아이디어와 마찬가지로 그의 암호학 저작물도 대부분 공개되지 않았기 때문이다. 이와 관련해, 영국 정보기관이 적군의 통신 해독에 사용하기 위해 그의 저작물 공개를 강력히 반대했다는 설이 있다.

한편, 프로이센에서는 프리드리히 카시스키(Friedrich Kasiski)라는 한 퇴역 장교가 반복되는 키로 다중문자 사이퍼를 해독하는 기술을 연구하고 있었다. 1863년, 카시스키는 암호학을 다룬 짧지만 중요한 책을 출간했다. 『암호문 작성과 해독의 기술(Die Geheimschriften und die Dechiffrierkunst)』이라는 책에서, 그는 수 세기에 걸쳐 암호 분석가들을 좌절시켰던 유형의 암호를 푸는 일반적인 방법을 설명하고 있다. 95쪽에 달하는 카시스키의 책은 암호 분석가들에게 다중문자 암호로 의심되는 암호를 해독할 때, '반복되는 문자가 서로 떨어져 있는 거리를 계산하고, 이 수의 약수를 구할 것'을 충고했다. '가장 빈번하게 나타나는 약수가 키의 문자 수를 나타내기 때문'이라는 것이다.

코드 분석

자동키 암호

배비지는 오늘날 평문 메시지에 키를 합친 비즈네르의 까다로운 자동키 암호에 최초의 해결책을 내놓은 인물로도 기억된다. 자동키를 사용하여 메시지를 작성할 때는 키를 짧은 키워드로 시작한 다음, 뒤에 메시지 텍스트를 붙이면 된다. 자동키 암호의 장점은 메시지의 송신자와 수신자가 마중물 역할을 하는 짧은 키워드만 알면 되는 데다, 반복되는 키워드를 가진 암호의 약점은 피할 수 있다는 것이다.

메시지는 '새벽에 공격을 시작한다(begin the attack at dawn)'이고, 키워드는 로즈메리(rosemary)라고 가정해 보자. 그러면 키는 'rosemarybegintheattackatdawn'이 된다. 비즈네르 암호표(55쪽 참조)를 사용하는 다른 암호화와 마찬가지로, 표의 첫 행은 평문 문자의 위치를 잡는 데 사용된다. 해당 열을 따라 내려오다 키 문자로 시작하는 행에 이르면 멈춘다.

키 r과 평문 b의 경우, 암호문은 r행과 b열의 교차점에 있는 S이다.

암호화 과정의 시작은 다음과 같을 것이다.

키	r o s e m a r y	b e g i n	t h e	a t t a
평문	b e g i n t h e	a t t a c	k a t	d a w n
암호문	**S S Y M Z T Y C**	**B X Z I P**	**D H X**	**D T P N**

그 결과 암호문은 SSYMZTYCBXZIPDHXDTPN이 된다.

지정된 메시지 수신자(또는 키워드가 rosemary임을 아는 누군가)에게 메시지를 해독하는 것은 간단한 과정이다. 첫째, rosemary라는 단어를 이용해 암호화된 평문의 문자를 해독한다. 이를 위해, 암호문의 문자가 각각의 키워드 문자로 시작하는 행 어디에 있는지를 찾는다. 예를 들어, 첫 번째 문자의 경우, r로 시작하는 행을 따라 S를 찾는다. 그런 다음 S가 있는 열의 맨 앞에 있는 평문 문자를 찾는다. 이 경우 b이다.

암호문에서 'rosemary' 부분을 해독하고 나면 메시지의 앞부분인 'begin the' 차례가 된다. 이제 이 8개 문자를 키로 사용하여 암호문의 다음 8개 문자를 해독한다. 메시지가 완성될 때까지 이 과정을 반복하면 된다.

키의 길이를 파악하는 것은 중요한 단계이다. 그래야 암호 분석가가 키 문자와 같은 수의 열에 암호문을 나열할 수 있기 때문이다.

이때, 각각의 열을 단일 문자 치환 암호의 암호문으로 취급할 수도 있다. 몇 개인지 모를 암호 알파벳으로 암호화된 메시지를 해독하는 대신, 암호문의 어떤 문자가 같은 암호 알파벳을 사용하여 암호화되었는지 알 수 있는 상황이 되는 것이다. 그리고 이 문자들을 함께 묶음으로써 암호문을 빈도 분석과 단일 문자 암호를 해독할 때 사용하는 다른 방법의 대상이 되게 할 수 있다. 이 방법은 '카시스키 검사'로 알려지게 되었다.

예를 들어, 다음 암호문을 보자. 암호를 다룬 미군 야전 교범에 나오는 내용이다.

FNPDM GJRMF FTFFZ IQKTC LGHAS EOSIM PVLZF LJEWU WTEAH EOZUA NBHNJ SXFFT JNRGR KOEXP GZSEY XHNFS EZAGU EORHZ XOMRH ZBLTF BYQDT DAKEI LKSIP UYKSX BTERQ QTWPI SAOSF TQKTS QLZVE EYVAW JSNFB IFNEI OZJNR RFSPR TWHNJ ROJSI UOCZB GQPLI STUAE KSSQT EFXUJ NFGKO UHLZF HPRYV TUSCP JDJSE BLSYU IXDSJ JAEVF KJNQF FIFMP EHYQD

첫 번째로 할 일은 반복되는 문자열이 있는지 보는 것이다. 위의 텍스트에 밑줄 친 것처럼 3개 이상의 문자로 된 것이 이상적이다. 다음으로, 반복되는 문자열이 얼마나 떨어져 있는지 분석한다. 첫 번째 문자열의 첫 문자에서부터 다음 문자열 바로 앞에 있는 문자까지를 세면 된다.

다음으로 그 간격에 해당하는 수의 가능한 약수를 구한다.

반복	거리(문자 사이의 간격)	가능한 약수
FFT	48	3, 4, 6, 8, 12
QKT	120	3, 4, 5, 6, 8, 10, 12
LZF	180	3, 4, 6, 10, 12, 15
HNJ	12	3, 4, 5, 6, 8, 10, 12
JNR	102	3, 6
RHZ	6	3, 6

반복되는 모든 문자열에 공통되는 유일한 약수는 3과 6이므로 다음 단계는 3열과 6열에 암호문을 다시 쓰는 것이다. 텍스트의 각 열은 하나의 암호 알파벳을 사용하여 암호화된 것으로 추정된다. 아래와 같이, 여섯 개의 열에 암호문이 다시 쓰였다.

1	2	3	4	5	6
F	N	P	D	M	G
J	R	M	F	F	T
F	F	Z	I	Q	K
T	C	L	G	H	A
S	E	O	S	I	M
P	V	L	Z	F	L
J	E	W	U	W	T
E	A	H	E	O	Z
U	A	N	B	H	N
J	S	X	F	F	T
J	N	R	G	R	K
O	E	X	P	G	Z
S	E	Y	X	H	N
F	S	E	Z	A	G
U	E	O	R	H	Z
X	O	M	R	H	Z
B	L	T	F	B	Y
Q	D	T	D	A	K
E	I	L	K	S	I
P	U	Y	K	S	X
B	T	E	R	Q	Q
T	W	P	I	S	A
O	S	F	T	Q	K
T	S	Q	L	Z	V
E	E	Y	V	A	W
J	S	N	F	B	I
F	N	E	I	O	Z
J	N	R	R	F	S
P	R	T	W	H	N
J	R	O	J	S	I
U	O	C	Z	B	G
Q	P	L	I	S	T
U	A	E	K	S	S
Q	T	E	F	X	U
J	N	F	G	K	O
U	H	L	Z	F	H
P	R	Y	V	T	U
S	C	P	J	D	J
S	E	B	L	S	Y
U	I	X	D	S	J
J	A	E	V	F	K
J	N	Q	F	F	I
F	M	P	E	H	Y
Q	D				

이제 우리는 각 열에서 문자의 빈도를 계산할 수 있다.

1열에서는 다음과 같다.

```
                    -
                    -
                    -                                 -
        -  -        -           -  -     -  -  -
   -    -  -        -        -  -  -     -  -  -        -
A  B  C  D  E  F  G  H  I  J  K  L  M  N  O  P  Q  R  S  T  U  V  W  X  Y  Z
```

암호 분석가의 입장에서, 이 빈도 분포는 몇 가지 단서를 포함한다. 가장 많이 나오는 J가 e를 치환한 것은 아닐까? 높은 빈도의 문자들이 OPQ와 STU에 몰려 있는 것을 보니 평문 영어의 ―일반적인 분포 패턴인― nop와 rst를 의미하는 것은 아닐까? 만약 그렇다면, 암호문 B는 평문 a를 나타낸다.

2열을 대상으로 이 과정을 반복하면, 다른 상황이 펼쳐진다.

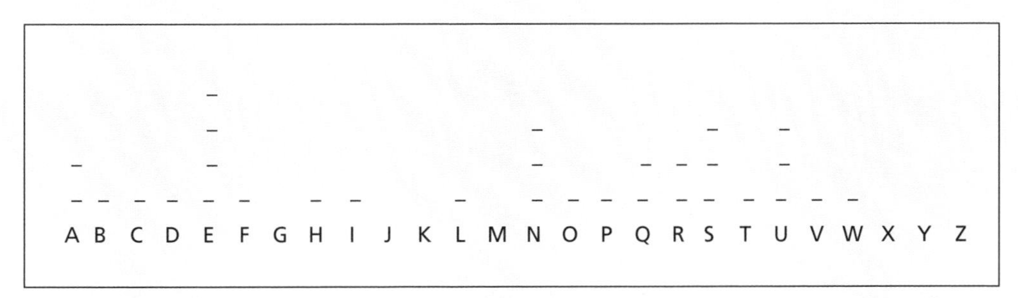

이 패턴은 일반적인 문자 빈도와 매우 유사하다. 그렇다면 평문과 암호문의 문자가 같은 건 아닐까?

암호문의 각 문자에 수행된 암호화에 대해 추측하기 시작했다면, 문자를 역으로 치환하여 말이 되는지 보면 된다.

지금까지 우리에게는 1열의 문자들이 한 자리 이동을 했고 2열의 문자에는 아무 변화가 없었다고 생각할 만한 근거가 있었다. 만약 우리가 5열은 14자리 이동을 한 것으로 계산한다면, 단어의 일부가 나타나기 시작할 것이다. 예컨대 처음 몇 개의 문자가 'en_ _y'이므로 아마 'enemy'의 일부일 것이다.

만약 평문의 첫 단어가 실제로 'enemy'라면, 3열은 11자리(e에서 P로) 이동하고 4열은 17자리(m에서 D로) 이동했다는 의미가 된다. 암호문의 다음 몇 문자를 똑같이 이동시켜 보면 이 추측이 맞는지 시험해볼 수 있다. 그리고 그 결과 'enemy_ irbor_ eforc_ '(아래 참조)라는 불완전한 평문이 만들어지는데, 이를 'enemy airborne force'의 일부로 본다면 말이 되는 것 같다. 결국, 그 말은 6열의 첫 번째 평문 문자가 a이고, 여섯 자리 이동해서 G가 되었음을 시사한다. 이런 식으로 하면, 해답을 단계적으로 이어나갈 수 있다.

1	2	3	4	5	6
e F	n N	P	D	y M	G
i J	r R	M	F	r F	T
e K	f F	Z	c I	Q	K
s T	c C	L	t G	H	A
r S	e E	O	S	u I	M
o P	v V	L	r Z	F	L
l J	e E	i W	U	i W	T
d E	a A	H	E	a O	Z
t U	a A	N	t B	H	N
l J	s S	X	r F	F	T
l J	n N	R	d G	R	K
n O	e E	X	s P	G	Z
r S	e E	Y	t X	H	N
e F	s S	E	m Z	A	G

이제까지 우리가 추측한 바에 따르면, 이 텍스트는 BALROG라는 키워드를 가지고 비즈네르 암호를 이용하여 암호화되었다. 지금부터는 타블로를 활용하여 해독 속도를 높일 수 있다(맞은편 참조).

메시지 암호화에 사용될 여섯 개의 알파벳이 순서대로 정렬되었고, 각각의 알파벳은 키워드와 관련된 문자로 시작한다. 메시지의 첫 번째 문자는 첫 번째 행의 알파벳을 사용한다. 첫 행을 쭉 따라가다 암호문 F가 나오면 해당 열의 상단에 있는 평문 문자를 확인한다. 이 경우 e가 된다. 이런 식으로, 암호문의 두 번째 문자를 해독하기 위해 두 번째 행으로 이동하고, 세 번째 문자 해독을 위해 세 번째 행으로 이동하면 된다. 일곱 번째 문자의 경우 첫 번째 행으로 돌아간다.

	a	b	c	d	e	f	g	h	i	j	k	l	m	n	o	p	q	r	s	t	u	v	w	x	y	z
1	B	C	D	E	F	G	H	I	J	K	L	M	N	O	P	Q	R	S	T	U	V	W	X	Y	Z	A
2	A	B	C	D	E	F	G	H	I	J	K	L	M	N	O	P	Q	R	S	T	U	V	W	X	Y	Z
3	L	M	N	O	P	Q	R	S	T	U	V	W	X	Y	Z	A	B	C	D	E	F	G	H	I	J	K
4	R	S	T	U	V	W	X	Y	Z	A	B	C	D	E	F	G	H	I	J	K	L	M	N	O	P	Q
5	O	P	Q	R	S	T	U	V	W	X	Y	Z	A	B	C	D	E	F	G	H	I	J	K	L	M	N
6	G	H	I	J	K	L	M	N	O	P	Q	R	S	T	U	V	W	X	Y	Z	A	B	C	D	E	
F																										

그 결과 전체 평문은 다음과 같다.

enemy airborne forces captured bugov airfield in dawn attack this morning pd enemy strength estimated at two battalions pd immediate counter attacks were unsuccessful pd enemy is concentrating armor in third sector in apparent attempt to join up with airborne forces pd request immediate reinforcements pd.

적의 공수부대가 오늘 새벽 공격에서 bugov 비행장을 포위했다 pd

적의 세력은 2개 대대 정도로 추정된다 pd 즉각적인 역공에 실패했다 pd 적은 제3 전투 지구에 기갑부대를 모으고 있으며 이는 공수부대와 협력하려는 명백한 시도다 pd 즉시 병력 보충이 필요하다 pd

(이 예시에서 pd는 문장의 끝에 찍는 period[마침표]를 나타낸다.)

플레이페어 암호

1854년 벽두, 스코틀랜드의 과학자이자 하원의원인 라이언 플레이페어는 위원회 회장 그랜빌 경이 마련한 사교 만찬에 내빈으로 참석했다. 저녁 무렵이 되자, 플레이페어는 다른 내빈들에게 새로운 유형의 암호에 대해 설명했다. 자신의 친구인 찰스 휘트스톤이 전신(電信) 보안을 위한 수단으로 고안한 것이었다.

이 암호는 문자를 개별 치환하지 않고 두 문자씩 치환하는 최초의 이중음자 치환(digraph substitution) 암호였다.

이 암호를 사용하려면, 먼저 메시지 송신자와 수신자 둘 다 아는 키워드를 선택해야 한다. 스퀘어(square)라고 가정하자. 5×5 정사각형에 키를 정렬한 후(반복되는 문자는 생략) 나머지 알파벳을 순서대로 나열한다. I와 J는 하나로 묶는다.

S	Q	U	A	R
E	B	C	D	F
G	H	IJ	K	L
M	N	O	P	T
V	W	X	Y	Z

메시지를 암호화하기 위해 평문을 두 문자씩 나눈다. 중복되는 문자가 있으면 x로 분리해주고, 마지막 하나 남는 문자는 x를 추가하여 이중음자로 만든다. 'common'이라는 단어를 이 방법으로 암호화하면 (co/m/mo/n이므로) co mx mo nx가 된다.

문자를 쌍으로 나누면 각 이중음자는 세 가지 범주 중 하나에 해당된다. 두 문자 모두 같은 행에 있거나, 두 문자 모두 같은 열에 있거나, 두 문자가 같은 행에도, 같은 열에도 있지 않은 경우이다.

같은 행에 있는 문자들은 각각 표의 오른쪽에 있는 문자로 대체된다. 따라서 np는 ot가 된다. 각 행은 순환한다고 생각하면 되므로 맞은편 표에서 r의 '오른쪽'에 있는 문자는 S가 된다.

같은 방식에 의해, 같은 열에 있는 문자들은 바로 아래에 있는 문자로 대체된다.

그런데 평문 문자가 같은 행에도, 같은 열에도 있지 않을 경우, 각 문자는 자기가 속한 행에 있으면서 나머지 문자가 속한 열의 문자로 대체된다. 따라서 ep는 DM이 된다.

플레이페어와 같은 이중음자 암호를 해독하는 방법 중 하나는 암호문에 가장 많이 나오는 이중음자를 찾아 그것을 평문이 속하는 언어에서 가장 빈도수 높은 이중음자라고 추정하는 것이다. 영어에서는 th, he, an, in, er, re, es가 있다.

또 한 가지 방법은 암호문에서 BF와 FB와 같은 역방향 이중음자를 찾는 것이다. 플레이페어를 이용해 암호화된 텍스트에서, 이와 같은 역방향 이중음자들은 평문에서도, 예를 들면 DE와 ED처럼, 언제나 같은 문자 패턴으로 해독될 것이다.

따라서 암호 분석가는 키를 재구성하는 방법으로 REvERsed나 DEfeatED처럼 암호문에서 서로

위 라이언 플레이페어, 세인트 앤드류스 남작(1818–1898).

가까이 있는 역방향 이중음자를 찾은 다음, 이를 같은 패턴을 포함하는 평문 단어에 매치하는 것으로 해독에 성공할 수도 있다.

휘트스톤과 플레이페어는 이 암호를 외무성 차관에게 보여주었지만, 차관은 이 시스템이 너무 복잡하다고 생각했다. 휘트스톤은 자신이 15분 만에 이 암호를 풀었으며 근처 초등학교 학생 넷 중 셋에게 이 기술을 가르칠 수 있다고 반박했다. '그럴 수 있겠지요.' 차관이 대답했다. '하지만 외무성 담당관들에게는 절대 가르칠 수 없을 겁니다.'

처음에는 회의적이었던 영국 육군성(War Office)도 마침내 이 암호를 받아들였다. 암호는 휘트스톤에 의해 발명되었지만, 영국 정부를 대상으로 로비 활동을 펼친 플레이페어의 이름으로 줄곧 알려져 왔다.

미국 남북전쟁 당시의 암호

1861년 4월 12일, 남부 연합의 보우리가드(P. G. T. Beauregard) 장군이 사우스캐롤라이나, 찰스턴 항의 섬터 요새를 포격하면서 미국 남북전쟁이 시작되었다. 그로부터 얼마 후, 오하이오 주지사가 36세의 전신 기사, 앤슨 스태거(Anson Stager)를 주도(오하이오주 콜럼버스)로 소환했다.

주지사는 전쟁이 발발한 상황에서 안전한 전신 수단이 반드시 필요하다는 것을 알았기에 스태거에게 두 가지를 요청했다. 자신이 일리노이 및 인디애나 주지사와 전신을 이용해 안전하게 통신할 수 있는 시스템을 개발해 달라는 것과 오하이오 군사 관할구역의 전신선을 통제할 수 있게 해 달라는 것이었다.

스태거를 고른 것은 탁월한 선택이었다. 모스가 전신을 발명한 1844년에 스태거는 19세였다. 뉴욕주 로체스터에서 헨리 오라일리(Henry O'Reilly, 전신 개척자)의 도제 인쇄공이었던 스태거는 인쇄업에서 일하기를 희망했으나, 대신 1846년 전신 분야에 발을 들이게 되었다.

오라일리는 펜실베니아에 전신선을 구축했고 스태거는 전신국 하나를 책임지게 되었다. 오라일리 전신선이 확장될수록, 스태거의 책임도 커져갔다. 스태거는 전신선 관리를 위해 오하이오로 이주했고, 1856년 신설된 웨스턴 유니언 전신회사(Western Union Telegraph Company)의 초대 총감독관을 맡게 되었다.

주지사의 요청에 부응하여, 스태거는 간단하고 효과적인 암호 시스템을 개발하였다. 머잖아 이 암호의 유용성에 대한 소문이 연방군의 조지 B. 맥클렐런(George B. McClellan) 소장에게 들어갔다. 그는 스태거에게 같은 방식으로 군사 암호를 만들어 달라고 요청했다.

곧 스태거의 암호는 연방군 전체에 도입되었다. 간단한 데다 믿을 수 있었기 때문에 남북전쟁 기간에 가장 널리 쓰인 암호가 되었다. 본질적으로 스태거의 암호는 단어 전치, 즉 메시지 속 단어의 순서를 재배열하는 것에 기반한다. 메시지 평문을 몇 줄에 걸쳐 정렬한 후, 열을 따라 단어를 차례로 옮겨 적는 방식이다. 아무 맥락 없는 문자군을 쓰기보다는 일반적인 단어를 사용하여 오류를 줄였다.

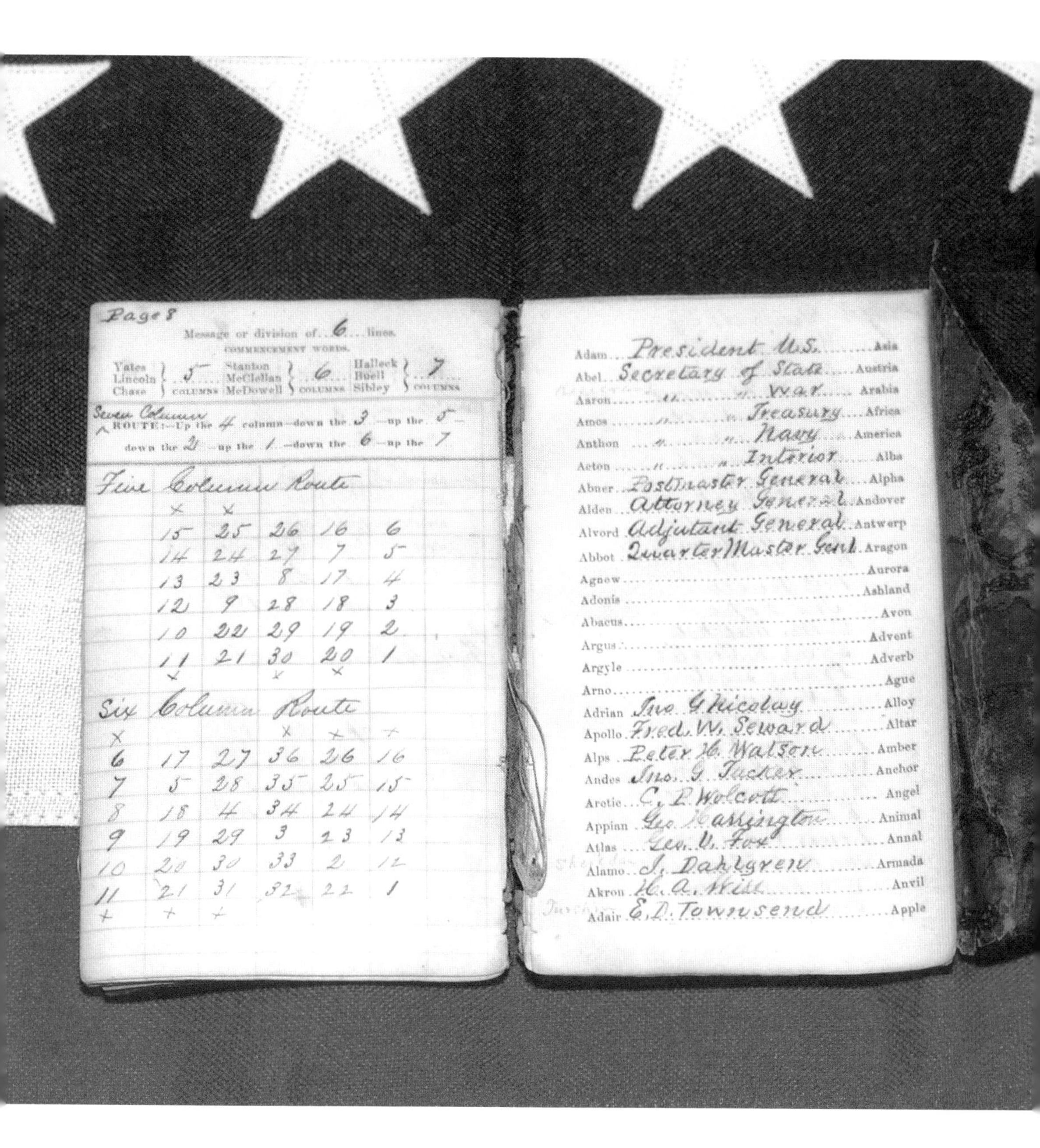

전쟁이 심화되면서, 스태거와 연방군의 암호 통신원들은 연방군 루트 암호의 변형 방법(총 10개)을 개발했다. 여러 개의 코드 단어를 선정하여 메시지의 단어를 대체하거나 여러 가지 루트를 선택하여 텍스트 열 위아래를 오가며 암호를 짜는 식이었다.

위 남북전쟁에서 사용된 코드북.

코드 분석

전치 암호

에이브러햄 링컨이 1863년 중반에 보낸 메시지를 토대로 전치 암호가 어떻게 만들어지는지 예를 들어보겠다. 메시지의 평문은 다음과 같다.

For Colonel Ludlow.

Richardson and Brown, correspondents of the Tribune, captured at Vicksburg, are detained at Richmond. Please ascertain why they are detained and get them off if you can. The President. 4.30 p.m.

러들로 대령

빅스버그에서 붙잡힌 트리뷴지 특파원, 리처드슨과 브라운이 리치먼드에 억류되어 있습니다. 그들이 왜 억류되어 있는지를 확인하고, 가능하다면 풀어주시오. 대통령. 오후 4시 30분.

당시 사용된 코드 시스템은 대령을 VENUS, 억류를 WAYLAND, 빅스버그를 ODOR, 리치먼드를 NEPTUNE, 대통령을 ADAM, 오후 4시 30분을 NELLY로 대체했다. 해당 단어들을 치환하면 다음과 같은 메시지가 만들어진다.

For VENUS Ludlow

Richardson and Brown, Correspondents of the Tribune, WAYLAND at ODOR, are detained at NEPTUNE. Please ascertain why they are detained and get them off if you can. ADAM, NELLY

VENUS 러들로

리처드슨과 브라운, 트리뷴지 특파원, WAYLAND at ODOR, NEPTUNE에 억류되어 있습니다. 그들이 왜 억류되어 있는지를 확인하고, 가능하다면 풀어주시오. ADAM, NELLY

이 메시지를 암호화하기 위해 암호 통신원은 하나의 루트를 선택했다. 이 경우, 그는 GUARD라는 루트를 선택했다. 메시지는 직사각형(표)을 채우기 위해 추가되는 의미 없는 단어, 널(null)을 포함하여 5X7 행렬로 작성된다. 이 표에서 평문 메시지의 단어들은 소문자인 반면, 코드 단어들은 대문자로 되어 있다.

For	VENUS	Ludlow	Richardson	And
Brown	Correspondents	Of	The	Tribune
Waylan	At	ODOR	Are	Detained
At	NEPTUNE	Please	Ascertain	Why
They	Are	Detained	And	Get
Them	Off	If	You	Can
ADAM	NELLY	THIS	FILLS	UP

암호문의 첫 번째 단어는 사용되는 루트(GUARD)이며, 암호작성자는 첫 번째 열을 아래에서 위로 읽고, 두 번째 열을 위에서 아래로, 다섯 번째 열을 아래에서 위로, 네 번째 열을 위에서 아래로, 마지막으로 세 번째 열을 아래에서 위로 읽는다. 보안을 높이기 위해 또 다른 '널' 단어를 각 열의 끝에 추가한다.

GUARD ADAM THEM THEY AT WAYLAND BROWN FOR	KISSING
VENUS CORRESPONDENTS AT NEPTUNE ARE OFF NELLY	TURNING
UP CAN GET WHY DETAINED TRIBUNE AND	TIMES
RICHARDSON THE ARE ASCERTAIN AND YOU FILLS	BELLY
THIS IF DETAINED PLEASE ODOR OF LUDLOW	COMMISSIONER

그 결과 최종 메시지는 다음과 같다.

GUARD ADAM THEM THEY AT WAYLAND BROWN FOR KISSING VENUS CORRESPONDENTS AT NEPTUNE ARE OFF NELLY TURNING UP CAN GET WHY DETAINED TRIBUNE AND TIMES RICHARDSON THE ARE ASCERTAIN AND YOU FILLS BELLY THIS IF DETAINED PLEASE ODOR OF LUDLOW COMMISSIONER

20세기에 미국 크립토그래피의 대가인 윌리엄 F. 프리드먼은 연방군의 시스템에 정교함이 부족하다고 비판했다. 그러나 연방군 시스템의 놀라운 유효성이 입증되면서, 남부 연합군은 연방군의 암호 메시지를 끝내 풀지 못했다.

반면, 남부 연합은 연방군과 같은 수준의 보안을 달성하는 데 실패했다. 남부군은 대개 비즈네르 암호를 사용했지만, 전송 오류로 인해 문제가 끊이지 않았다. 그에 더해 남부 연합의 통신 보안을 위협하는 또 하나의 원인이 있었으니, 바로 백악관 옆 육군성에서 근무하는 세 명의 젊은 암호 통신원들이었다. 데이비드 호머 베이츠(David Homer Bates), 찰스 A. 틴커(Charles A. Tinker), 앨버트 B. 챈들러(Albert B. Chandler)는 링컨이 자신들의 사무실 쪽으로 잔디를 가로질러 집무실에 들어가서는 특별히 준비된 묵지 메시지를 신중하게 읽는 모습에 익숙해졌다.

이제 막 십 대를 벗어난 세 젊은이는 전쟁 기간 남부군의 암호문을 수차례 해독했다. 그중에는 남부 연합이 사용할 채권과 화폐 인쇄 계획에 관해 남부군이 주고받은 편지도 있었다.

위대한 케르크호프스

연방군 암호를 해독하던 남부 연합이 자신들에게 매우 유용하다고 여겼을 법한 인물이 있다. 바로 아우구스트 케르크호프스(Auguste Kerckhoffs)다. 미국 남북전쟁 시기 교사였던 그는 파리 외곽으로 25마일 정도 떨어진 믈룅이라는 프랑스 마을에서 살고 있었다.

케르크호프스는 폭넓은 관심사를 가진 숙련된 언어학자였다. 고등학교와 대학에서 학생들을 가르친 것이 경력의 대부분인 그는 1883년 프랑스는 물론이고 다른 국가의 암호학에 지대한 영향을 미친 책을 집필했다.

케르크호프스의 책 『군사 암호(La Cryptographie Militaire)』는 프랑스 군사과학저널에 두 권의 논문으로 처음 공개되었다. 그는 논문을 통해 크립토그래피 최신 기술을 비판하며 프랑스가 해왔던 방식에 개선이 필요하다고 촉구했다. 특히 그는 당시 주요 암호 문제에 대한 해결책을 찾는 것에 관심이 있었다. 즉, 사용하기 쉽고 간편하며, 전신에 적합한 암호 시스템을 찾는 것이었다.

첫 번째 논문에서 그는 오늘날까지도 군사 암호 개발자들을 위한 척도로 남아 있는 여섯 가지 사항을 언명했다. 케르크호프스에 따르면 군사 암호의 필요조건을 다음과 같이 요약할 수 있다.

1. 수학적으로는 아니더라도, 실질적으로 해독이 불가능한 시스템이어야 한다.
2. 비밀 엄수가 필요하지 않고 적에게 빼앗겨도 문제를 일으키지 않는 시스템이어야 한다.
3. 따로 필기하지 않고도 쉽게 키를 전달하고 외울 수 있어야 한다. 참여자가 바뀌면 키를 바꾸거나 수정하기도 쉬워야 한다.
4. 전신과 호환되는 시스템이어야 한다.
5. 휴대가 간편한 시스템이어야 한다. 시스템 사용에 한 명 이상이 필요하면 안 된다.
6. 시스템 이용이 쉬워야 하고 정신적인 스트레스를 요하거나 알아야 할 규칙이 많으면 안 된다.

이 여섯 가지 규칙 중에 가장 유명한 것은 두 번째로, 암호 시스템은 키를 제외하고 시스템에 관한 모든 것이 공개되더라도 안전해야 한다는 것을 의미한다. 크립토그래퍼들은 이것을 '케르크호프스의 법칙'이라고 한다.

케르크호프스의 책은 암호 분석에서의 중요한 진전도 담고 있다. 저명한 암호학 역사가인 데이비드 칸은 케르크호프스의 책이 '군사 암호에 대한 확실한 시험은 암호 분석에 의한 시련뿐'임을 확립했다고 주장한다. 이는 오늘날에도 유효한 원칙이다.

책의 출간은 당대에도 암호학에 중대한 영향을 미쳤다. 프랑스 정부는 수백 권의 책을 구입하였고, 책이 널리 읽히면서 프랑스 전역에서 암호의 부활을 촉진하였다. 제1차 세계대전이 가까워지면서, 프랑스가 암호학에서 가진 이점이 매우 귀중한 자산임이 입증되었다.

숨겨진 보물, 숨겨진 의미 - 빌 페이퍼

19세기 암호에 매료된 많은 이들에게, 암호 해독이 주는 환희와 만족감은 그들의 노력에 충분한 보상이 되었을지 모른다. 그러나 그것만으로 썩 만족스럽지 않다면, 땅속에 묻힌 3천만 달러의 보물이 동기 부여가 되었을 것이다.

그 보물이란 '빌 페이퍼'(The Beale Papers)로 알려진, 암호학의 무지개 끝에서 기다리는 황금 단지였다. 빌 페이퍼에 대한 전설이 세상에 알려지게 된 것은 1885년, J B 워드(J B Ward)라는 남자가 버지니아주에 숨겨진 보물에 관한 팸플릿을 팔기 시작하면서였다. 워드의 팸플릿은 토머스 제퍼슨 빌(Thomas Jefferson Beale)과 그가 1820년대 미국 버지니아주 린치버그의 워싱턴 호텔에 두고 왔다는 암호 메시지에 관한 내용을 담고 있었다.

팸플릿에 따르면, 빌은 1820년 1월 처음 이 호텔을 찾아와 겨울을 보내며 당시 호텔 주인이었던 로버트 모리스(Robert Morriss)의 관심을 끌었다. 모리스는 빌을 '내가 본 사람 중에 가장 잘생긴 사람'이라고 회상했다. 3월이 되자 빌은 갑작스럽게 호텔을 떠났다가 2년 후 다시 찾아왔다. 그리고는 다시 한번 린치버그에서 남은 겨울을 보냈다. 그리고 이번에는 호텔을 떠나기에 앞서 '중요하고 값진 종이'가 담겨 있다고 말하며 잠겨 있는 철제상자를 모리스에게 위탁했다.

모리스는 23년간 성심성의껏 보관하던 상자를 1845년에 마침내 열어보았다. 안에서 나온 메모에는 1817년 4월 빌과 29명의 일행이 서부 평야를 거쳐 샌타페이에서 북쪽으로 미국을 여행한 기록이 묘사되어 있었다. 메모에 따르면 어느 작은 협곡에서 빌의 무리는 노다지를 발견했다. '갈라진 바위 틈새에서 엄청난 양의 금을 발견'한 것이다.

일행은 버지니아의 비밀 장소에 보물을 숨기되, 먼저 무거운 금 일부를 보석으로 바꾸기로 결정했다. 그 임무 때문에 1820년 빌은 린치버그로 온 것이었다. 두 번째 방문 목적은 사고로 인해 보물이 그들의 친척에게 돌아가지 못할까 걱정했기 때문이다.

빌의 임무는 갑자기 사망하는 경우, 자신들의 유언을 이행할 믿을 만한 사람을 찾는 것이었고 결국 모리스를 선택했다. 메모를 읽은 모리스는 빌 일행의 친척들에게 메모를 전달해야 한다고 생각했으나 막상 할 수 있는 일이 없었다. 보물에 대한 설명과 위치, 친척들의 이름이 세 장에 걸쳐 의미 없는 숫자들로 암호화되어 있었기 때문이다. 메모에는 제삼자가 암호의 키를 우편 발송할 것이라고 나와 있었지만 우편물은 끝내 도착하지 않았다.

1862년 죽음을 앞둔 모리스가 친구(팸플릿을 파는 워드)에게 자신의 비밀을 털어놓았고, 친구는 놀라운 직관을 발휘하여 암호화된 세 페이지 중 두 번째 페이지를 해독한다. 그는 나열된 숫자들이 독립선언서의 단어에 해당한다고 추측했다. 따라서 숫자 73은 독립선언서의 73번째 단어('hold')를 나타내고, 나머지도 같은 식이다. 이 과정을 거듭하

IN CONGRESS, JULY 4, 1776.

The unanimous Declaration of the thirteen united States of America,

When in the Course of human events, it becomes necessary for one people to dissolve the political bands which have connected them with another, and to assume among the powers of the earth, the separate and equal station to which the Laws of Nature and of Nature's God entitle them, a decent respect to the opinions of mankind requires that they should declare the causes which impel them to the separation. —— We hold these truths to be self-evident, that all men are created equal, that they are endowed by their Creator with certain unalienable Rights, that among these are Life, Liberty and the pursuit of Happiness. — That to secure these rights, Governments are instituted among Men, deriving their just powers from the consent of the governed, — That whenever any Form of Government becomes destructive of these ends, it is the Right of the People to alter or to abolish it, and to institute new Government, laying its foundation on such principles and organizing its powers in such form, as to them shall seem most likely to effect their Safety and Happiness. Prudence, indeed, will dictate that Governments long established should not be changed for light and transient causes; and accordingly all experience hath shewn, that mankind are more disposed to suffer, while evils are sufferable, than to right themselves by abolishing the forms to which they are accustomed. But when a long train of abuses and usurpations, pursuing invariably the same Object evinces a design to reduce them under absolute Despotism, it is their right, it is their duty, to throw off such Government, and to provide new Guards for their future security. — Such has been the patient sufferance of these Colonies; and such is now the necessity which constrains them to alter their former Systems of Government. The history of the present King of Great Britain is a history of repeated injuries and usurpations, all having in direct object the establishment of an absolute Tyranny over these States. To prove this, let Facts be submitted to a candid world. —— He has refused his Assent to Laws, the most wholesome and necessary for the public good. —— He has forbidden his Governors to pass Laws of immediate and pressing importance, unless suspended in their operation till his Assent should be obtained; and when so suspended, he has utterly neglected to attend to them. —— He has refused to pass other Laws for the accommodation of large districts of people, unless those people would relinquish the right of Representation in the Legislature, a right inestimable to them and formidable to tyrants only. —— He has called together legislative bodies at places unusual, uncomfortable, and distant from the depository of their public Records, for the sole purpose of fatiguing them into compliance with his measures. —— He has dissolved Representative Houses repeatedly, for opposing with manly firmness his invasions on the rights of the people. —— He has refused for a long time, after such dissolutions, to cause others to be elected; whereby the Legislative powers, incapable of Annihilation, have returned to the People at large for their exercise; the State remaining in the mean time exposed to all the dangers of invasion from without, and convulsions within. —— He has endeavoured to prevent the population of these States; for that purpose obstructing the Laws for Naturalization of Foreigners; refusing to pass others to encourage their migrations hither, and raising the conditions of new Appropriations of Lands. —— He has obstructed the Administration of Justice, by refusing his Assent to Laws for establishing Judiciary powers. —— He has made Judges dependent on his Will alone, for the tenure of their offices, and the amount and payment of their salaries. —— He has erected a multitude of New Offices, and sent hither swarms of Officers to harrass our people, and eat out their substance. —— He has kept among us, in times of peace, Standing Armies without the Consent of our legislatures. —— He has affected to render the Military independent of and superior to the Civil power. —— He has combined with others to subject us to a jurisdiction foreign to our constitution, and unacknowledged by our laws; giving his Assent to their Acts of pretended Legislation: — For Quartering large bodies of armed troops among us: — For protecting them, by a mock Trial, from punishment for any Murders which they should commit on the Inhabitants of these States: — For cutting off our Trade with all parts of the world: — For imposing Taxes on us without our Consent: — For depriving us in many cases, of the benefits of Trial by Jury: — For transporting us beyond Seas to be tried for pretended offences — For abolishing the free System of English Laws in a neighbouring Province, establishing therein an Arbitrary government, and enlarging its Boundaries so as to render it at once an example and fit instrument for introducing the same absolute rule into these Colonies: — For taking away our Charters, abolishing our most valuable Laws, and altering fundamentally the Forms of our Governments: — For suspending our own Legislatures, and declaring themselves invested with power to legislate for us in all cases whatsoever. — He has abdicated Government here, by declaring us out of his Protection and waging War against us. —— He has plundered our seas, ravaged our Coasts, burnt our towns, and destroyed the lives of our people. — He is at this time transporting large Armies of foreign Mercenaries to compleat the works of death, desolation and tyranny, already begun with circumstances of Cruelty & perfidy scarcely paralleled in the most barbarous ages, and totally unworthy the Head of a civilized nation. —— He has constrained our fellow Citizens taken Captive on the high Seas to bear Arms against their Country, to become the executioners of their friends and Brethren, or to fall themselves by their Hands. — He has excited domestic insurrections amongst us, and has endeavoured to bring on the inhabitants of our frontiers, the merciless Indian Savages, whose known rule of warfare, is an undistinguished destruction of all ages, sexes and conditions. In every stage of these Oppressions We have Petitioned for Redress in the most humble terms: Our repeated Petitions have been answered only by repeated injury. A Prince, whose character is thus marked by every act which may define a Tyrant, is unfit to be the ruler of a free people. Nor have We been wanting in attentions to our Brittish brethren. We have warned them from time to time of attempts by their legislature to extend an unwarrantable jurisdiction over us. We have reminded them of the circumstances of our emigration and settlement here. We have appealed to their native justice and magnanimity, and we have conjured them by the ties of our common kindred to disavow these usurpations, which, would inevitably interrupt our connections and correspondence. They too have been deaf to the voice of justice and of consanguinity. We must, therefore, acquiesce in the necessity, which denounces our Separation, and hold them, as we hold the rest of mankind, Enemies in War, in Peace Friends. ——

We, therefore, the Representatives of the united States of America, in General Congress, Assembled, appealing to the Supreme Judge of the world for the rectitude of our intentions, do, in the Name, and by Authority of the good People of these Colonies, solemnly publish and declare, That these United Colonies are, and of Right ought to be Free and Independent States; that they are Absolved from all Allegiance to the British Crown, and that all political connection between them and the State of Great Britain, is and ought to be totally dissolved; and that as Free and Independent States, they have full Power to levy War, conclude Peace, contract Alliances, establish Commerce, and to do all other Acts and Things which Independent States may of right do. —— And for the support of this Declaration, with a firm reliance on the protection of divine Providence, we mutually pledge to each other our Lives, our Fortunes and our sacred Honor.

John Hancock

Button Gwinnett
Lyman Hall
Geo Walton
Wm Hooper
Joseph Hewes
John Penn
Edward Rutledge
Thos Heyward Junr.
Thomas Lynch Junr.
Arthur Middleton
Samuel Chase
Wm. Paca
Thos. Stone
Charles Carroll of Carrollton
George Wythe
Richard Henry Lee
Th Jefferson
Benja. Harrison
Thos. Nelson jr.
Francis Lightfoot Lee
Carter Braxton
Robt Morris
Benjamin Rush
Benja. Franklin
John Morton
Geo Clymer
Jas. Smith
Geo. Taylor
James Wilson
Geo. Ross
Caesar Rodney
Geo Read
Tho M:Kean
Wm Floyd
Phil. Livingston
Frans. Lewis
Lewis Morris
Richd. Stockton
Jno Witherspoon
Fras. Hopkinson
John Hart
Abra Clark
Josiah Bartlett
Wm. Whipple
Saml Adams
John Adams
Robt Treat Paine
Elbridge Gerry
Step. Hopkins
William Ellery
Roger Sherman
Samel Huntington
Wm. Williams
Oliver Wolcott
Matthew Thornton

위 독립선언서.

며, 워드는 다음과 같은 빌의 메시지를 밝혀냈다.

> 나는 뷰퍼드(Buford)에서 4마일쯤 떨어진 베드포드 카운티, 지면 6피트(약 1.8m) 아래 위치한 굴에 다음과 같은 물품을 숨겨두었다: 금 2,921파운드, 은 5,100파운드 운송비를 아끼려고 세인트루이스에서 은과 교환한 보석들. (…) 위의 물품은 뚜껑이 달린 철제 항아리에 안전하게 숨겨 두었다. 굴은 대충 쌓은 돌벽으로 둘러싸여 있으며, 항아리는 튼튼한 돌 위에 올려놓았고 다른 돌을 그 위에 덮어 두었다.

안타깝게도 독립선언서를 키로 사용하여 나머지 두 페이지의 암호를 해독하는 것은 실패했다. 이후 여러 세대에 걸친 암호 해독가들도 빌 페이퍼의 비밀을 푸는 데 실패했다. 그중에는 미국에서 가장 뛰어난 암호 분석가들도 포함된다. 회의론자들은 이 팸플릿을 날조라 부르지만, 어떤 이들에게는 막대한 부와 오랫동안 많은 이들을 좌절시킨 암호의 유혹이 너무나 크다.

제4장

인내심

에니그마와 전시의 다른 암호 해독을 도운 까다로운 인물들.
치머만 전보 · ADFGX 암호 · 냉전 코드 ·
베노나 코드 · 나바호 코드 암호병.

암호 해독이 성공하느냐 실패하느냐에 따라 역사의 흐름이 바뀔 수 있다. 특히 전시에는 더 그렇다. 해독되지 않는 암호는 한 국가의 병기고에서 가장 강력한 무기 중 하나가 될 수 있다. 군 참모들이 최전방 병력에 메시지를 보내면서 적이 자신들의 전략을 예상하지 못할 것을 알고 안심할 수 있기 때문이다. 그러나 해독된 암호는 그 주인을 향하는 칼이 될 수 있다. 만약 적이 여러분의 가장 은밀한 메시지를 읽을 수 있다면, 그런데 여러분은 자신의 암호가 해독되었다는 사실을 모르고 있다면, 그로 인해 신중히 세운 군사 전략은 전부 물거품이 될 수 있기 때문이다.

다시 말해 최근의 전쟁에서, 암호학자들과 암호 분석가들은 어느 쪽이 더 우위에 있는지에 따라 전쟁의 운명이 결정되는 실전에서 경쟁하고 있다. 이를 위해 암호개발자들과 암호 해독가들이 최전방에 배치되었다. 실제로 가지 않았더라도 마음은 최전방에 있었다. 그런데, 전투의 물리적 요소에 투입되는 수많은 인력과 달리, 암호전문가들의 노력은 대개 비밀에 부쳐진다. 그들이 만들거나 해독한 암호들이 무의미해진 경우에 한해서만 —그러나 역사적인 의의는 있는— 수년 또는 수십 년 후에 공개된다.

맞은편 버킹엄셔의 블레츨리 파크에 재건된 튜링 봄브(Turing Bombe, 암호 해독기) 구역.

제1차 세계대전 - 치머만 전보

치머만 전보는 전시에 암호 메시지를 사용한 전형적인 사례이며, 성공적인 암호 분석과 연이은 해독으로 전쟁의 흐름을 바꾼 가장 중요한 사례이기도 하다.

1917년 1월 16일 독일 외무장관, 아르투어 치머만(Arthur Zimmerman)은 멕시코 주재 독일 대사, 하인리히 폰 에카르트(Heinrich von Eckardt)에게 전보를 보냈다. 그런데 독일인들 모르게 영국 암호 해독팀, 40호실(Room 40)이 이 메시지의 내용을 몰래 입수했다. '40호실'이란 이름은 런던 화이트홀(관공서 밀집 지역)에 있는 해군 본부의 실제 위치에서 따온 것이다. 팀이 결성된 것은 제1차 세계대전 발발 직후로, 해군 본부와 육군성의 암호 부서를 합병한 정부암호학교가 1919년 그 역할을 대신할 때까지, 영국 암호 해독의 중심에 있었다.

전보의 메시지는 0075라는 코드를 사용하여 암호화된 것으로 영국

아래 1945년 훈련소에서 모스 부호를 익히고 있는 영국 공군 신병들.

군이 입수한 독일어 코드북을 이용하여 일부 해독되었다. 이전 버전의 암호와 관련된 코드북이었다.

해독된 전보를 번역하면, 내용이 다음과 같았다.

우리는 2월 1일 무제한 잠수함 작전(unrestricted submarine warfare)을 시작할 계획입니다. 그리고 그와 별개로 미국이 중립을 지키도록 노력할 것입니다. 이 계획이 실패할 경우, 다음을 원칙으로 하여 멕시코에 동맹을 제안합니다: 공동 전쟁을 수행한다. 공동 평화 조약을 맺는다. 충분한 재정적 지원을 한다. 멕시코가 텍사스, 뉴멕시코, 애리조나에서 빼앗긴 영토를 되찾아야 한다는 것이 우리 입장입니다. 세부 조정은 당신에게 맡깁니다. 미국이 참전할 시, 위 내용을 극비리에 멕시코 대통령에게 알려야 합니다. 또한, 그 스스로 일본에 즉각적인 협력을 요청하는 한편, 일본과 우리 사이를 중재하라는 제안을 덧붙여 주세요. 우리는 무제한 잠수함 작전으로 영국이 몇 개월 안에 항복하게 될 것이라는 전망도 언급하길. 수취주의.

치머만.

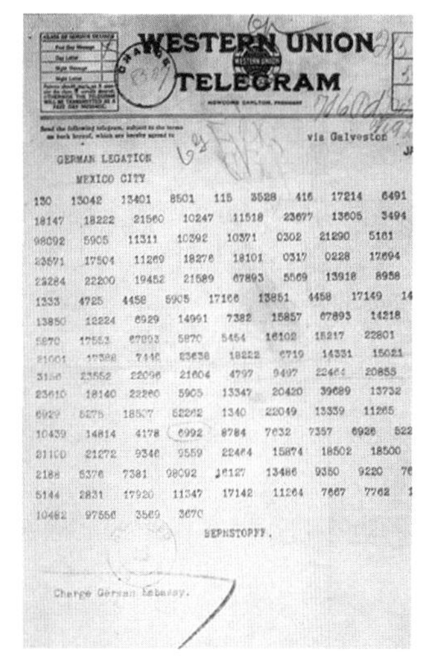
WESTERN UNION
TELEGRAM

via Galveston

GERMAN LEGATION
MEXICO CITY

130 13042 13401 8501 115 3528 416 17214 6491
18147 18222 21560 10247 11518 23677 13605 3494
98092 5905 11311 10392 10371 0302 21290 5161
23571 17504 11269 18276 18101 0317 0228 17694
22284 22200 19452 21589 67893 5569 13918 8958
1333 4725 4458 5905 17166 13851 4458 17149
13850 12224 6929 14991 7382 15857 67893 14218
5870 17553 67893 5870 5454 16102 15217 22801
21001 17388 7446 23638 18222 6719 14331 15021
3156 23552 22096 21604 4797 9497 22464 20855
23610 18140 22260 5905 13347 20420 39689 13732
6929 5275 18507 52262 1340 22049 13339 11265
10439 14814 4178 6992 8784 7632 7357 6926
21100 21272 9346 9559 22464 15874 18502 18500
2188 5376 7381 98092 16127 13486 9350 9220
5144 2831 17920 11347 17142 11264 7667 7762
10482 97556 3569 3670

BERNSTORFF.

Charge German Embassy.

위 치머만 전보 원본.

그러나 치머만 전보를 해독한 영국 정보부는 많은 암호 분석가들이 겪는 딜레마에 직면했다. 그들은 이 전보가 정치적 다이너마이트라는 것을 알았다. 전보의 내용이 알려지면 미국은 독일에 전쟁을 선포하게 되겠지만, 동시에 독일군에게 그들의 암호가 깨졌음을 알려주는 셈이었기 때문이다.

그러나 얼마 후 이 문제는 영국 정보부의 손을 떠났다. 멕시코에 있던 영국 첩보원이 이전 버전의 독일어 암호로 암호화된, 문제의 전보 사본을 전신국에서 발견한 것이다. 전보의 내용은 미국 정부에 전달되었고 미국 신문들은 1917년 3월 1일 해당 메시지를 공개하였다. 그로부터 한 달 후 미국 의회는 독일과 그 동맹국들에 전쟁을 선포했다.

따라서 치머만 전보 해독과 그에 따른 미국의 제1차 세계대전 참전이 종전을 앞당겼으며 역사의 흐름을 바꾸었다고 할 수 있을 것이다.

코드 분석

폴리비오스 암호표

암호학에서의 일부 진전은 이전의 암호 기술과의 결합을 통해 나온 것이다. 독일이 제1차 세계대전에서 사용한 ADFGX와 ADFGVX 암호는 폴리비오스 암호표(1장에서 언급)와 전치를 결합한 것으로 프리츠 네벨(Fritz Nebel) 대령의 발명품이다. ADFGX 암호가 처음 사용된 것은 1918년 3월이었다.

암호 해독가들에는 설상가상으로, 폴리비오스 암호표와 전치 키가 매일 바뀌었다. 영국의 40호실과 프랑스 암호국의 암호 해독가들은 이 암호 시스템의 약점을 찾기 위해 부단히 노력했다.

폴리비오스 암호표는 숫자 1-5 대신 문자 A, D, F, G, X를 사용해 구성되며, 알파벳 문자들이 표 전체에 무작위로 흩어져 있다. 이 이상해 보이는 문자 선택은 모스 부호로 전송했을 때 이 문자들의 혼동 가능성이 상대적으로 낮기 때문이다. 메시지를 잘못 전할 위험을 최소화하려면 꼭 필요한 선택이었다. 표에 있는 공간은 25개뿐이고 알파벳은 총 26자이므로 i와 j는 호환해서 사용한다.

표1

	A	D	F	G	X
A	f	n	w	c	l
D	y	r	h	i/j	v
F	t	a	o	u	d
G	s	g	b	m	z
X	e	x	k	p	q

자, 다음 메시지를 암호화한다고 가정해 보자: '레닌그라드에서 만납시다(See you in Leningrad)'. 메시지의 첫 번째 문자인 s는 왼쪽 열에 G가 있고 맨 윗행에 A가 있는 지점에 있다. 따라서 s는 GA로 암호화된다. 마찬가지 방법으로 다음 문자인 e는 XA로 암호화된다. 따라서 전체 메시지는 다음과 같이 암호화된다.

표2

S	e	e	y	o	u	i	n	L	e	n	i	n	g	r	a	d
GA	XA	XA	DA	FF	FG	DG	AD	AX	XA	AD	DG	AD	GD	DD	FD	FX

해독을 더 어렵게 만들기 위해, 이제 두 번째 행의 암호화된 문자에 전치 암호를 사용한다. 키워드는 카이저(Kaiser)로 하겠다. 전치는 아래 보이는 것처럼 열을 지어 수행되며, 메시지가 격자를 채우지 못해 공간이 남는다.

표3

K	A	I	S	E	R
G	A	X	A	X	A
D	A	F	F	F	G
D	G	A	D	A	X
X	A	A	D	D	G
A	D	G	D	D	D
F	D	F	X		

다음으로 아래 보이는 것처럼, 키워드 문자의 알파벳 순서에 따라 열을 재배열한다. (Kaiser를 알파벳 순서인 aeikrs로 재배열-역주)

표4

A	E	I	K	R	S
A	X	X	G	A	A
A	F	F	D	G	F
G	A	A	D	X	D
A	D	A	X	G	D
D	D	G	A	D	D
D		F	F		X

이제 이 열들을 아래 방향으로 읽어 암호문을 만든다.

AAGADD XFADD XFAAGF GDDXAF AFDDDX

이런 식의 암호 메시지가 제1차 세계대전 동안 모스 부호로 전송되었을 것이다. 어절의 길이가 다르다는 것에 주목하자. 어떤 것은 문자가 6개이고, 어떤 것은 5개이다. 이처럼 길이가 일정하지 않은 어절은 메시지 해독을 대단히 어렵게 만든다.

위 조르쥬-장 팡방(1886 - 1980).

ADFGX 해독: 광업에서 암호 해독까지

1886년 프랑스 낭트에서 태어난 조르류-장 팡방(Georges-Jean Painvin)은 예상 밖의 암호 해독가였다. 그는 광업 대학을 다닌 후 생테티엔(St Etienne)과 파리에 있는 대학에서 고생물학 강사가 되었다.

그러나 제1차 세계대전 초반, 팡방은 프랑스 제6군의 암호학자인 폴리에르(Paulier) 대위와 친구가 되면서 그가 하는 코드 업무에 관심을 갖게 되었다. 이전 암호에 관한 탁월한 연구 덕분에 팡방은 독일 암호 해독을 위해 프랑스 암호국과 비밀리에 일해 달라는 요청을 받았다.

독일이 ADFGX 암호를 처음 사용한 것은 제1차 세계대전에서 마지막 대규모 공세를 취하면서였다. 1918년 3월 말, 독일군은 프랑스 북부의 아라스 근처에서 공격을 개시했다. 공격의 목적은 프랑스군과 영국군을 분리하고 아미앵 주변의 전략적 거점을 확보하는 것이었다. 갑자기 연합군에게 암호 해독이 중요해졌다.

암호화된 독일어 메시지에서 가장 눈에 띄는 점은 반복되는 문자가 5개뿐이라는 점이었다. 그래서 팡방과 연합군의 다른 암호 분석가들은 자신들이 일종의 정사각형 암호를 풀고 있다고 확신했다. 얼마 후 빈도 분석을 통해 이것이 단순한 폴리비오스 암호가 아니라는 것이 드러났다.

3월 공격 이후 메시지의 수가 엄청나게 증가하면서 팡방은 두 번째 도약의 계기를 맞았다. 암호화된 메시지의 패턴을 분석한 결과, 몇몇 메시지의 도입부에 같은 단어가 등장한다는 사실을 발견한 것이다. 어느 날의 메시지든 동일한 두 개의 키를 사용하여 암호화되었기 때문에 그는 이 반복이 크립(crib)일 거라고 생각했다. 크립은 인사말, 제목, 기상 상태와 같이 실제 의미가 알려져 있거나 추측할 수 있는 암호 텍스트의 견본을 말한다.

팡방은 4월 5일 마침내 ADFGX 암호를 해독했다. 사실상 암호 해독을 어려워 보이게 만든 것, 즉 일정하지 않은 어절의 길이가 팡방에게 도움이 되었다. 표3을 보면 암호화된 문자가 6개인 열은 모두 표의 왼쪽에 있고 5개인 열은 모두 오른쪽에 있음을 알 수 있다.

표3

K	A	I	S	E	R
G	A	X	A	X	A
D	A	F	F	F	G
D	G	A	D	A	X
X	A	A	D	D	G
A	D	G	D	D	D
F	D	F	X		

이로 인해 팡방이 시도해야 할 열 배열의 수가 현저히 줄어들었다. 다음으로 그는 빈도 분석을 통해 어떤 열 순서가 전형적인 독일어 텍스트에서 예상되는 것과 상응하는 문자 빈도를 갖는지 확인했다. 이는 간단한 문제가 아니었다. 팡방은 암호 해독을 위해 18개의 메시지를 사용했으며, 이를 위해 4일 밤낮을 매달려야 했다. 암호 시스템을 알고 있는 상황이라 해도 메시지 해독에는 시간이 꽤 걸렸다.

심각한 문제로 이어질 수 있는 상황이 6월 1일 발생했다. 독일이 엔(Aisne)을 처음 공격한 이후 입수된 메시지들이 추가 문자(V)를 포함하기 시작한 것이다. 그러나 팡방은 이 새로운 ADFGVX 암호가 초기 암호화를 위해, 알파벳 26자와 숫자 0~9를 모두 사용한 6X6 암호표를 사용한 것에 지나지 않는다는 사실을 단 하루 만에 알아냈다.

팡방이 직면한 어려움은 전쟁이 끝날 무렵 발견된 ADFGX와 ADFGVX 암호 키가 총 10개밖에 되지 않았다는 사실에서 단번에 드러난다. 이후, 팡방은 광업으로 돌아가서 성공적인 경력을 쌓았다. 암호 분석의 많은 영웅과 마찬가지로 그의 노력은 먼 훗날까지 공개되지 않았다. 그는 프랑스의 레지옹 도뇌르 훈장(Legion of Honour) 가운데 1933년 레지옹 도뇌르 오피시에(officer, 5단계 가운데 4단계)를, 죽기 7년 전인 1973년에는 레지옹 도뇌르 그랑도피시에(Grand Officer, 2단계)를 받았다.

전쟁의 막간: 마담 X

아그네스 메이어 드리스콜(Agnes Meyer Driscoll)은 1889년 미국 일리노이주, 제네시오에서 태어났으며 미국 크립토그래피 발전에 중요한 인물이 되었다. 그녀의 첫 임무는 우편·케이블 검열소에서 첩보 증거가 될 만한 교신이 있는지 검토하는 것이었다. 그리고 1년이 안 되어 크립토그래피의 최전선인 코드·시그널 부서(CSS)로 이동했다. CSS는 해군용 사이퍼와 코드를 만드는 부서였다. 종전 무렵, 드리스콜은 같은 부서의 군무원이 되었다.

1919년과 1920년, 드리스콜은 허버트 야들리(Herbert O'Yardley)의 MI-8 암호 부서, 일명 블랙 체임버에서 몇 개월을 보낸 것으로 여겨진다.

마담 X로 알려진 드리스콜은 당시 일본어 통신에 사용되는 코드와 사이퍼를 입수하고 해독하는 일을 배정받았다. 그녀가 해독을 도운 첫 번째 코드는 레드북(Red Book)으로 알려져 있다. 해군 첩보원들이 일본 총영사의 금고를 부수고 코드북의 각 페이지를 사진으로 찍어온 것이었다. 이 사본이 붉은색 폴더에 보관되면서 레드북이라는 이름이 붙었다. 1926년, 드리스콜은 마침내 첫 번째 키를 해독했다. 몇 주에 걸쳐 메시지 트래픽을 판독한 결과였다. 이후 좀 더 복잡한 키가 사용되었지만 드리스콜과 연구팀의 실력이 키를 능가했다.

드리스콜은 블루북 코드(Blue Book code)로 알려진, 좀 더 정교한 일본어 암호를 해독하는 일도 도왔다. 그녀의 팀이 3년간 노력한 결과였다. 메시지의 핵심 내용이 일본의 콩고급 순양전함이 26노트의 속도로 운항된다는 것이었기 때문에 미국의 노스 캐롤라인급 순양전함(North Carolina-class battleship)은 그보다 빠른 속도로 조정되었다.

제2차 세계대전 -에니그마와 블레츨리 파크

에니그마 이야기와 제2차 세계대전에서 에니그마의 역할은 암호 해독에서 가장 널리 알려진 내용 중 하나다. 비록 전쟁이 끝나고 수십 년이 지나서 그 전모가 알려지긴 했지만 말이다.

제1차 세계대전과 제2차 세계대전의 막간, 40호실의 뒤를 잇는 정부암호학교(Government Code and Cypher School, GC&CS)에서 일하는 영국의 암호 해독가들은 소비에트 연방, 스페인, 미국을 비롯한 많은 국가의 외교 및 통상 메시지를 해독하는 것으로 실전을 쌓았다. 전쟁이 임박하면서 암호학교의 집중 대상은 독일, 이탈리아, 일본으로 바뀌었으며 인력 또한 충원되었다. 블레츨리 파크(Bletchley Park)는 런던에서 북서쪽으로 50마일 정도 떨어진 곳에 있는 작은 맨션으로, 이곳의 전시 거주자들에게는 'BP'라는 이름으로 더 많이 알려졌다. 영국 정보부 MI6의 수장이 빠르게 성장하는 GC&CS의 터전으로 사용하기 위해 1938년 구입한 이 건물에 '스테이션 X(Station X)'라는 은닉명(cover name)이 붙여졌다.

제2차 세계대전이 가까워지면서 BP에서 근무하는 인력은 186명에 달했으며, 그중 50명은 해독보다는 암호화에 집중했다.

전쟁이 유럽 전역을 휩쓸자 독일과 그 동맹국들이 보내는 메시지 수는 급격히 불어났다. 각 군대가 자신들의 메시지를 암호화하기 위해 다른 버전의 에니그마 기계를 사용하면서 메시지의 양은 더욱 증가하였고, 그로 인해 BP 직원들의 업무량은 방대해졌다.

따라서 영국 총리 윈스턴 처칠의 지시로, BP에서 메시지 해독에 종사하는 암호 해독가들의 수도 증가하였다. 남성과 여성으로 구성된 암호 해독가들은 대개 수학자와 언어학자였으며 대부분 옥스퍼드와 케임브리지 대학 출신이었다. BP는 옥스퍼드와 케임브리지의 거의 중간에 있어 지리적으로 완벽한 위치에 있었다. 1943년, 미국이 전쟁에 참여하면서 미국인 암호 해독가들이 합류했다. 1945년 5월이 되자, BP의 직원 수는 9,000명에 육박했으며 추가로 2,500명은 다른 장소에서 관련 문제를 연구했다.

아래 제2차 세계대전 기간 영국 암호 해독가들의 터전이었던 잉글랜드의 블레츨리 파크.

도라벨라 암호 - 엘가의 다른 에니그마

영국을 대표하는 작곡가 중 한 명인 에드워드 엘가(Edward Elgar)는 코드와 수수께끼에 빠져 있었다. 예를 들어 그의 대표곡 〈'수수께끼' 창작 주제에 의한 14개의 관련악 변주곡 Op. 36〉은 1899년 초연을 위한 프로그램 노트에 적힌 수수께끼 같은 주석 때문에 일반적으로 '수수께끼(Enigma) 변주곡'으로 알려져 있다.

그는 '수수께끼에 관해서는 설명하지 않겠다'고 썼다. "그 '오묘한 말(dark saying)'은 미지의 영역으로 남아야 한다. 단언컨대 변주곡과 주제 사이의 명백한 관계는 대개 최소한으로 어우러진다. 덧붙여, 전체 곡을 아우르는 또 하나의 더 큰 주제가 '펼쳐지지만', 연주되지는 않는다."

그러나 숨은 의미에 대한 엘가의 애착은 음악적인 범위를 벗어났다. 작곡가의 작업과 암호 해독가의 작업이 갖는 몇 가지 유사성을 생각해보면 그리 놀랄 일은 아니다. 두 직업군 모두 최적합을 찾기 위해 유사한 배열의 코드나 음표를 뒤섞고 바꾸기 때문이다. 그가 친구들에게 보낸 편지는 말장난과 음악적 수수께끼로 가득했다. 엘가 가족의 저택 중 하나는 (C)arice—캐리스, (A)lice—앨리스, (E)dward Elgar —에드워드 엘가의 애너그램인 'Craeg Lea'로 불렸다.

엘가의 암호 사랑을 보여주는 가장 유명한 사례 하나가 '수수께끼 변주곡' 초연 2년 전쯤에 있었다. 1897년 7월 14일, 엘가는 나이 어린 한 친구에게 암호로 작성된 편지를 보냈는데 오늘날까지도 납득할 만한 해답이 나오지 않고 있다. 메시지는 87개의 기호로 구성되어 있으며, 24자로 된 자모(ㄱㄴㄷ/a b c 등 음절이 되는 기본 글자-역주)를 사용한 것으로 보인다. 각 기호는 1~3개의 반원으로 구성되어 있고, 8개의 방향 중 하나를 향하고 있다. 빈도 분석(24-25쪽 참조) 결과, 엘가가 사용한 것은 영어 평문을 토대로 한 단순 치환 암호로, 자모의 수가 그 근거가 된다. 많은 사이퍼 암호에서 I와 J는 U와 V처럼 하나의 기호를 공유한다. 그러나 아직까지 이 방법으로 메시지를 해독한 사람은 없었다.

일부 암호 분석가들은 엘가의 연습장에서 찾은 키를 이용하기도 했다. 연습장에는 그가 '도라벨라 암호'에 적용한 기호를 표로 만든 것과 그 기호를 알파벳 문자에 매치시킨 내용이 있었다. 그러나 이 키를 도라벨라 암호에 적용해도 명료한 의미는 나타나지 않는다. 따라서 엘가가 키워드를 사용하여 메시지를 추가로 암호화하는, 좀 더 복잡한 암호화 방식을 사용한 것으로 보인다.

엘가가 보낸 편지의 수신인은 울버햄프턴 세인트 피터스 교구 목사, 알프레드 페니의 딸인 22세의 도라 페니였다. 자신의 저서 『에드워드 엘가: 변주곡의 추억』에 자세히 기술한 것처럼, 페니는 1890년대 후반부터 1913년까지 엘가와 그의 아내, 앨리스와 친목을 유지했다. 그녀가 암호 편지를 받

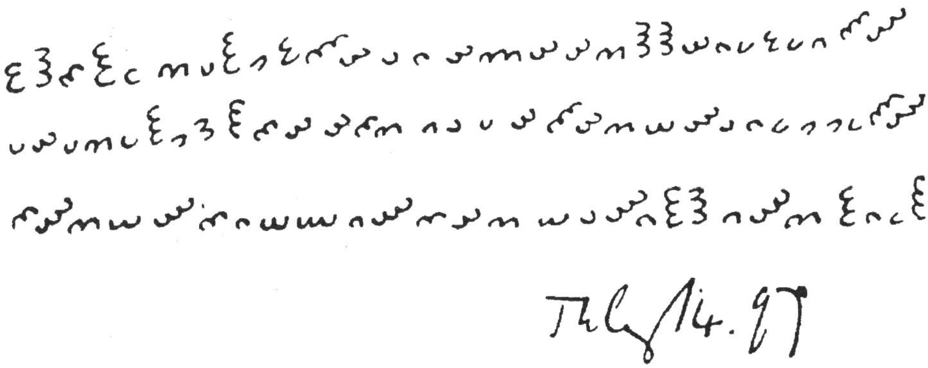

위 도라벨라 암호.

왔을 당시, 도라와 엘가 부부는 몇 차례 만난 사이였다. 도라는 '엘가가 수수께끼, 암호, 크립토그램(알파벳 퍼즐) 등에 늘 관심이 많았다는 것은 주지의 사실'이라고 책에 썼다. 여기 재연된 암호—이게 편지가 맞다면, 내가 그에게 받은 세 번째 편지—는 [엘가의 아내]가 내 새엄마에게 보낸 편지에 동봉되어 있었다. 편지 뒤에는 '미스 페니(Miss Penny)'라고 적혀 있다.' 1897년 7월 울버햄프턴에 있는 우리를 방문한 후에 보낸 것이다.

'나는 이 편지가 어떤 메시지를 담고 있는지 손톱만큼도 모르겠다. 엘가가 절대 설명해주지 않는 데다 해독해 보려고 해도 번번이 실패로 끝났기 때문이다. 이 책의 독자가 해독에 성공했다는 소식을 듣게 된다면 더없이 기쁠 것이다.'

도라는 '수수께끼 변주곡' 중 10번 변주곡(도라벨라)에 영감을 준 당사자이기도 했다. 그런 이유로 어떤 이들은 엘가가 도라에게 보낸 암호가 곡의 비밀에 대한 단서일 수 있다고 추측하고 있다. 훗날, 그녀가 엘가에게 수수께끼(변주곡)의 비밀에 관해 물었을 때 그는 '다른 사람은 몰라도 너만은 그 비밀을 짐작할 줄 알았다'고 대답했다고 한다. 도라는 1964년 사망했다. 만약 그녀가 이 수수께끼의 비밀을 간직한 유일한 사람이라면, 해답에 대한 희망은 그녀와 함께 사라졌는지도 모른다.

위 제2차 세계대전 당시 블레츨리 파크에서 에니그마 기계를 작동하고 있다.

블레츨리 파크에 관한 이야기의 다수가 그곳에서 일했던 유명인에 초점을 맞추고 있다. 예컨대 앨런 튜링(Alan Turing), 고든 웰치먼(Gordon Welchman), 딜리 녹스(Dilly Knox) 등이다. 그러나 이 곳 직원의 75퍼센트는 여성이었으며 까다로운 수작업의 많은 부분을 여성이 수행했다. 여성의 공헌이 남성 못지않았다.

직원의 수가 급속도로 증가함에 따라 BP에는 더 많은 업무 공간이 필요했다. 이에 임시 막사를 비롯한 건물들이 추가되었고 서로 다른 기능을 하는 각각의 건물은 간단하게 숫자나 문자로 불리게 되었다. 예를 들어 8번 막사는 독일 해군의 에니그마 암호를 해독하는 암호 분석가들이 거주하는 공간이었고, 6번 막사는 독일 육군과 공군의 에니그마 암호 해독에 집중했다. E 구역에서는 에니그마 기계로 해독하고 번역한 메시지들이 재암호화되어 연합군 참모들에게 전송되었다.

폴란드인들이 에니그마를 해독한 방법

폴란드인은 에니그마 해독에 없어서는 안 될 역할을 했으며 그들의 공헌은 1932년에 시작되었다. 세 명의 젊은 폴란드 암호학자들이 이 작

위 1943년 블레츨리 파크, 6번 막사의 기계실에서 작업 중인 암호 해독가들.

업의 선두에 있었다. 바로 수학자인 마리안 레예프스키(Marian Rejewski), 예르지 로지츠키(Jerzy Rozycki), 헨리크 지갈스키(Henryk Zygalski)였다.

처음에 에니그마로 전송되는 메시지들은 시작할 때 연속으로 두 번 암호화되는 개별 회전자 설정을 포함했다. 에니그마 기계 사용설명서에 이달 4일, A, X, N를 시작으로 회전자를 설정해야 한다고 적혀 있으면, 통신원은 AXNAXN로 메시지를 시작한 후에 본문을 이어가면 되었다.

그러나 복잡한 수학만으로는 충분하지 않았다. 이러한 이론들을 사용하려면 십만 개가 넘는 회전자 구성의 모든 순열을 나열한 카드 기반

코드 분석

에니그마 암호

폴란드 수학자들은 순수수학의 한 분야인 군론(group theory)의 특성을 암호 해독에 이용할 수 있다는 사실을 발견했다. 그리고 에니그마 기계의 구성이 어떠하든, 입력되는 모든 문자는 다른 문자로 암호화된다는 것을 깨달았다. 그러나 기계가 가진 가역적인 특성으로 인해 암호화된 문자가 원래 사용된 문자로 암호화되기도 했다. 이 깨달음을 통해 폴란드 수학자들은 에니그마를 이해할 수 있게 되었다. 에니그마 기계의 1회 설정이 군론 표기법을 사용하여 문자를 바꾸는 방식을 다음과 같이 나타낼 수 있다.

A B C D E F G H I J K L M N O P Q R S T U V W X Y Z
J R U X A W N S F Q Y T B H M D E V G I L P K Z C O

이 간단한 표기법이 의미하는 바는 상단의 문자를 에니그마 기계에 입력하면 하단의 문자가 표시된 램프에 불이 들어온다는 것이다. 예를 들어, A를 누르면 J 램프에 불이 켜지고 T를 누르면 I 램프가 켜진다. 그렇다면 이것을 문자 순환으로 바꿀 수 있다.

A가 J로 바뀌고, J가 Q로 바뀌며, Q가 E로 바뀌고, E가 처음 시작한 A로 돌아가는 것에 주목하자. 이것을 (A J Q E)로 쓸 수 있다. 세 가지 다른 순환도 있다.

(G N H S)
(B R V P D X Z O M)
(C U L T I F W K Y)

폴란드 수학자들은 이러한 순환이 언제나 같은 길이의 쌍으로 일어난다는 것을 알았다. 이 경우에는, 문자 4개로 하는 두 쌍의 순환과 문자 9개로 하는 두 쌍의 순환이다. 이러한 깨달음의 결과 암호 해독에 필요한 수작업의 양이 줄었다. 수학자들은 또 문자 쌍의 스테커링(플러그를 배전반에 꽂음)이 기초 군론에 영향을 미치지 않는다는 것을 알아냈다. 문자 쌍이 스테커링에 의해 교체된다 해도, 순환의 횟수와 길이는 정확히 같았다. 당시 레예프스키의 논문을 보면, 이 전선 설정에 대해 알게 되었으나 그것이 어떻게 가능했는지에 대해서는 자세히 설명하고 있지 않다.

위 에니그마 기계.

에니그마 기계

베를린에 사는 전기공학자 아르투어 세르비우스(Arthur Scherbius) 박사는 상업적인 메시지를 암호화하는 수단으로 1920년대 최초의 에니그마 기계를 개발했다. 독일 정부는 그로부터 3년 후 이 기계를 도입하고 보안성을 높이기 위해 상당 부분 개조하였다.

에니그마는 휴대용 암호화 기계로 데스크톱 컴퓨터 프로세서와 크기가 비슷했다. 기계 앞부분의 키보드는 메시지를 입력하는 데 사용되었고, 키보드 위로는 각각 알파벳이 표시된 26개의 램프가 있었다. 키보드의 키를 하나 누르면 램프 하나에 불이 들어오면서 암호문에서 어떤 문자로 대체되는지 보여주었다. 그러면 두 번째 통신원이 불이 들어온 문자를 기록한 후 모스 부호를 이용하여 암호화된 메시지를 보냈다. 지정된 수신자가 이 메시지를 받아서, 송신자의 기계와 같은 방법으로 설정된 자신의 에니그마 기계에 입력하면 원래의 메시지가 나왔다. 그러나 도청자들도 이 무선 암호 메시지를 포착할 수 있었다. 연합군이 일련의 무선통신 청음초소를 통해 한 일도 바로 그것이다. 그러나 도청자에게 에니그마 기계가 있더라도 메시지를 해독하려면 송신자의 것과 같은 방법으로 기계가 설정되어 있어야 했는데, 에니그마 기계의 복잡한 내부 구조가 이를 대단히 어렵게 만들었다.

초기 버전의 에니그마 기계 내부에는 회전 실린더, 즉 회전자가 3개 있었다. 각각의 회전자는 내부 배선과 함께 표면에 전기 접점을 가지고 있었기 때문에 회전자의 모든 위치가 키보드 키와 램프 사이의 전기 연결부 역할을 하였다. 키를 하나 누르면 가장 오른쪽에 있는 회전자가 주행계와 비슷한 방식으로 한 칸 움직인다. 26칸이 움직여 한 바퀴 회전하고 나면 중간 회전자가 한 칸 움직이고, 이 회전자가 26칸 움직여 한 바퀴 회전하고 나면 가장 왼쪽에 있는 회전자가 회전하는 식이었다. 이와 같은 일명 턴오버(turn-over)는 회전자 링(회전자의 위치를 설정하기 위해 돌리는)의 노치(눈금 역할을 하는 홈)에 의해 수행되었다. 암호화를 더 복잡하게 만들려면, 통신원이 각 링의 노치를 26개의 다른 위치에 놓으면 되었다. 이렇게 하면, 중간 회전자가 처음 10개의 문자가 입력된 후 회전할 수도 있고, 26번째 회전이 있은 다음에만 회전할 수도 있다.

회전자의 끝에는 반사판이 있어, 신호가 세 개의 회전자를 지나 다시 돌아간다. 이때 왔던 경로가 아닌 다른 경로로 간다.

이러한 요소들이 이미 상상할 수 없을 정도로 많은 설정을 가능하게 했음에도 불구하고, 기계의 전면에 있는 배전반으로 인해 암호화는 더욱 복잡해졌다. 배전반을 이용하면, 문자의 특정 쌍을 그 문자가 표시된 플러그 사이로 케이블을 삽입하여 교체할 수 있었다(플러그는 암호 해독가들에게 원어인 독일어 '스테커'로 알려졌다).

프랭크 카터(Frank Carter)와 존 게일호크(John Gallehawk)에 따르면, 암호 프로세스의 시작에서

위 에니그마 기계의 회전자. 오른쪽의 초록색 전선이 키보드와 디스플레이(출력 표시 장치) 사이의 전기 연결부 역할을 하며, 각 문자의 암호화된 버전(램프)에 불이 들어오게 하였다.

에니그마 기계를 설정할 수 있는 방법이 15,800경(경은 0이 16개) 가지나 되었다고 한다. 독일인들이 에니그마의 암호 보안 능력에 높은 자신감을 보였을 만도 하다.

영국과 미국의 암호 해독가들이 전쟁 발발 직전까지 에니그마 기계를 접해본 적 없을 것이라고 흔히들 생각하지만, 사실 이들은 1926년 이미 세르비우스의 상업용 에니그마 기계 중 하나를 가지고 있었다. 정부암호학교(CG&CS)의 일원인 딜리 녹스가 빈에서 구입한 것이었다. 실제로 상업용 에니그마 기계에 대한 특허들이 1920년대 영국 특허청에 제출되었던 사실이 나중에 밝혀졌다.

의 일람표를 구축해야 했다. 컴퓨터를 사용하지 않고서는 대단히 힘든 일이었다.

폴란드 암호 해독가들은 또한 두 개의 에니그마 회전자로 구성된 회전 기록기라는 기계를 만들었고, 이 기계를 사용하여 순열을 좀 더 빠르게 생성했다. 회전 기록기는 주어진 회전자 순서에 따라 총 17,576개의 회전자 위치에 대한 '문자' 회전의 길이와 횟수 일람표를 준비하는 데 사용되었다. 가능한 회전자 배열 순서가 여섯 가지이므로 '문자 목록' 또는 '카드 목록'은 6×17,576=105,456개 항목으로 구성되었다.

레예프스키는 일람표 준비가 '고된 작업이었고 1년 이상 걸렸지만, 일람표가 준비되자, 매일 바뀌는 키를 15분 만에 [알아낼 수 있었다]'고 썼다.

암호의 암호화

1938년, 독일군은 에니그마 기계의 작동 방식을 변경하였다. 설명서에 있는 일반적인 회전자 시작 위치를 사용하는 대신, 모든 통신원이 자체 설정을 하게 한 것이다. 시작 설정은 암호화되지 않은 상태로 전송되었다. 가령, 앞서와 마찬가지로 메시지를 AXN으로 시작할 수 있다. 그리고 통신원이 메시지 자체의 암호화에 사용할 다른 회전자 시작 설정, 예컨대 HVO를 생각할 수 있다. 그러면 통신원이 이것을 에니그마 기계에 두 번 입력한다—HVOHVO. 그러나 기계는 이미 AXN으로 초기 설정되었기 때문에, HVOHVO를 전혀 다른 것, 예를 들면 EYMEHY로 암호화할 것이다. 이 암호화된 버전에는 반복이 없다는 것에 주목해야 한다. 회전자에 입력된 각각의 문자가 한 칸씩 이동하기 때문이다. 따라서 통신원이 보낸 메시지는 AXNEYMEHY로 시작할 것이며 HVO 회전자 설정을 사용하여 암호화된 메시지가 그 뒤에 나올 것이다.

곧 이 메시지를 받은 수신자는 자신의 회전자를 AXN으로 초기 설정해야 한다는 것을 알 수 있다. 다음으로 EYMEHY를 입력하여 HVOHVO가 나오면, 수신자는 회전자를 HVO 위치로 재설정할 것이다. 따라서 메시지의 나머지는 그가 입력한 대로 암호화되지 않을 것이다.

이 새로운 난제가 폴란드 수학자들이 개발한 일람표 방식을 무효로 만들었다. 많은 시간과 자원을 투자한 후였기 때문에 분명 심리적 타격이 컸을 것이다. 그러나 이들은 다시 한 번 수학 군론을 이용하여 또 하나의 방법을 신속하게 찾아냈다.

여러분은 우리가 위에서 제시한 회전자 설정 사례에서 메시지 설정이 EYMEHY로 암호화되었다는 것과 이중 첫 번째와 네 번째 문자가 E로 같다는 것을 눈치챘을 것이다. 레예프스키와 그의 동료들은 첫 번째와 네 번째 자리(두 번째와 다섯 번째, 세 번째와 여섯 번째도)에 있는 문자의 반복이 비교적 빈번하게 일어난다는 것에 주목했다. 이런 사례는 '암놈(female)'으로 불리게 되었다.

폴란드 수학자들은 '봄바(bombas)'라 불리는 여섯 대의 기계를 만들었는데, 각 기계는 기술적으로 연결된 세 개의 에니그마 회전자로 구성되었고, 암놈을 생성하는 회전자 설정을 자동으로 탐색했다. 여섯 개가 생성되었으므로 가능한 회전자 순서의 수를 한 번에 확인할 수 있었다.(예: AXN, ANX, NAX, NXA, XAN, XNA)

하지만 이런 식의 봄바 사용은 전선으로 연결되어 있는 문자에 의존하지 않았다. 처음에는 세 개의 문자 쌍만이 전선으로 연결되었지만, 훗날 독일인들은 이를 열 개의 문자 쌍으로 늘렸다. 이에 지갈스키는 구멍이 난 판지를 이용하는 대체 방법을 고안했다.

이 '지갈스키 표'를 만드는 과정은 매우 오랜 시간이 걸렸다. 많은 수의 표가 필요한 데다, 표당 최대 천 개의 구멍을 면도날을 이용해 수작업으로 뚫었기 때문이다.

26개의 표가 제작되었고, 각 표는 에니그마 기계에서 왼쪽 회전자의 시작 위치 중 한 가지 가능성을 의미했다. 각 표에는 왼쪽 열과 상단에 A부터 Z까지 표시된 26X26 격자가 있었다. 왼쪽 열의 문자는 가운데 회전

아래 지갈스키 표의 견본.

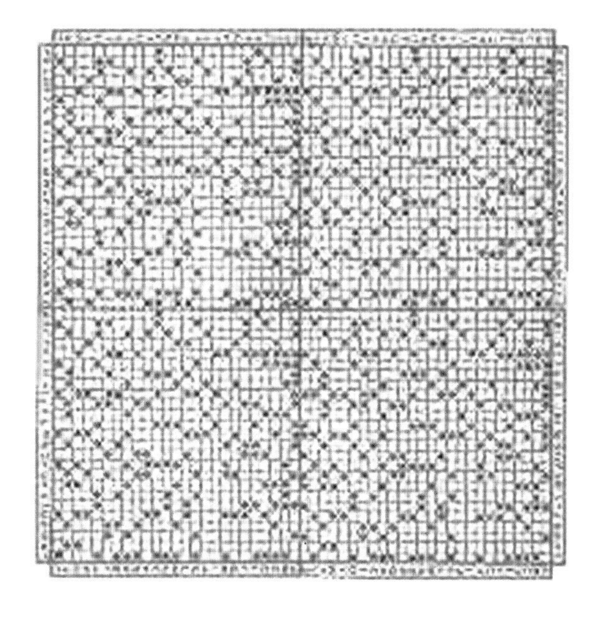

자의 시작 위치를 나타냈고, 상단의 문자는 오른쪽 회전자의 시작 위치를 나타냈다.

우리는 AXN EYMEHY로 시작하는 메시지가 메시지 설정의 첫 번째와 네 번째 문자가 같은 암놈을 포함한다는 것을 안다. 이 말은 왼쪽 회전자의 위치에서 A를 의미하는 지갈스키 표에서 왼쪽 열의 X와 상단 행의 N이 만나는 지점에 구멍이 뚫려 있다는 것을 의미한다.

만약 다른 메시지들이 같은 날, 같은 통신원에 의해 전송된다면, 게다가 그 메시지 설정에 암놈이 포함된다면, 표를 쌓으면서 격자가 정확하게 겹치도록 할 수 있을 것이다. 이렇게 쌓인 표를 불빛에 비춰보았을 때, 구멍이 겹치는 —그래서 불빛이 통과하는— 곳의 설정만이 그날 가능성 있는 설정이다. 이런 식으로 추가되는 각각의 표는 잠재적인 시작 설정의 수를 계속해서 줄여 주었다. 형식에 맞는 메시지만 충분하다면, 처음의 메시지 설정을 결국 추론할 수 있었을 것이다.

아래 앨런 튜링(1912–1954), 독일 암호의 해독을 위해 다수의 기술을 고안했다. 그중에 에니그마 기계의 설정을 파악할 수 있는 '봄브(bombe)'가 있다.

1938년 12월, 독일인들이 에니그마 시스템을 더욱 정교하게 개조하면서, 이 방법조차 실행할 수 없게 되었다. 어떤 순열에서든 세 개의 회전자를 사용하는 대신, 통신원들이 총 다섯 개의 회전자 중에서 세 개를 자유롭게 선택할 수 있게 한 것이다. 그로 인해 회전자 설정의 수는 10배로 늘었고 필요한 표를 만드는 업무도 암호 해독가들의 역량을 넘어서게 되었다.

머잖아 폴란드인들에게 불시의 사건이 닥쳤다. 독일의 침공이 임박해 오면서, 수학자들은 자신들이 이룬 성과를 다른 이들과 공유해야 한다는 것을 인지했다. 독일이 침공 준비를 하자, 폴란드인들은 영국 정부암호학교와 프랑스 정보부에 폴란드에서 만든 군사용 에니그마 기계의 복제품을 전달했다.

위 에니그마 설정을 파악하기 위해 사용되었던 '봄브(bombe)'.

에니그마 해독

메시지를 해독하기 위해 수신자—도청자 포함—는 선택된 세 개의 회전자가 어떤 것인지, 그 회전자들이 어디에 위치하는지, 턴오버 노치가 설정된 위치는 어디인지, 각 회전자의 시작 위치는 어디인지(오른쪽 상단의 작은 창에 보이는 문자들이 가리키는), 플러그를 사용하여 교체된 문자들은 무엇인지 알아야 했다.

블레츨리 파크의 암호 해독가들에게 최대의 난관이 닥친 것은 플러그(문자) 쌍의 수가 늘어난 것이었다. 각각의 회전자 설정에 대해, 가능한 배전반 설정의 수가 250경(경은 0이 16개)이 넘었다. 불가능해 보이는 이 작업은 '봄브'라는 전기 장치의 발명으로 쉬워졌다. 장치를 고안한 인물은 캠브리지 수학자인 앨런 튜링과 고든 웰치먼이었다. 봄브는 폴란드의 봄바를 연상시켰지만 사실상 완전히 다른 장치였다.

봄브가 문제를 해결하는 핵심은 크립(crib)을 찾는 능력에 있었다.

편지의 특성을 생각해보면, 그 구성이 매우 체계화되어 있다. 예컨대, 편지를 쓸 때 우리는 보통 'Dear Sir/Madam'으로 시작하고 'Yours faithfully'로 끝맺는다. 체계화된 요소는 달라도 독일의 전시 메시지들도 대부분 이런 식이었다. 메시지는 주로 '비밀'이라는 단어로 시작하였고, 군함에서 나온 메시지는 날씨와 위치를 포함하고는 했다. 한 통신원은 자신의 메시지 설정에 IST(독일어로 is)를 특히 많이 사용했다. 바리(Bari, 이탈리아 지명)에 있던 한 통신원은 회전자 시작 위치로 여자친구의 이니셜을 자주 사용했다. 에니그마 해독이 기술적인 약점만큼이나 인간적인 약점을 드러냈던 것이다.

암호문에서 크립의 정확한 위치를 찾는 것은 쉬운 일이 아니었다. 일부 에니그마 통신원들은 암호 해독을 막기 위해 자주 반복되는 문구나 단어 앞에 명색뿐인 문자를 두기도 했다.

봄브의 설계는 통신원들로 하여금 거의 18,000개가 가능한 각각의 회전자 설정에 따라 주어진 입력 문자로 26개의 가능한 플러그 쌍을 동시에 확인할 수 있게 하였다. 봄브는 이러한 설정을 수행하다가 크립에 해당하는 일련의 설정과 만나면 작동을 멈추었다. 빈도 분석과 같은 수동 기술은 이러한 회전자 설정을 테스트하는 데 사용되었다. 문자 빈도가 일반 독일어 텍스트의 문자 빈도와 대체로 일치할 경우, 다른 플러그 쌍들이 제시되었다. 결국, 이렇듯 부단한 노력과 커다란 행운 덕에, 봄브는 매일은 아니더라도, 그날의 메시지에 사용된 원래의 메시지 설정에 도달하고는 했다.

블레츨리 파크, 즉 BP에서 사용한 흥미로운 기술 중에 '가드닝(gardening)'이라는 것이 있다. 독일군 메시지에 이미 알려진 단어를 포함하도록 유도하는 기술이다. 예를 들어, 어느 지역에서 지뢰가 제거되었을 경우, 블레츨리 파크의 암호 해독가들이 그 지역에 다시 지뢰를 매설해 달라고 군대에 요청한다. 그 지역에서 나오는 독일군 메시지에 지뢰(minen)라는 단어가 포함되는지 보기 위해서다.

최초의 에니그마 메시지는 1940년 1월 20일 블레츨리 파크에서 해독되었다. 그러나 연합군이 다수의 에니그마 메시지를 읽을 수 있게 되

위 연합군의 노르망디 상륙작전 개시일(1944년 6월 6일)에 노르망디 해안가에 상륙한 증강 병력.

었다는 사실을 독일이 모르게 하는 것이 대단히 중요했다. 블레츨리 파크의 존재와 해독 사실을 숨기기 위해 영국 정부는 코드명 보니페이스(Boniface)인 스파이와 독일을 무대로 한 가상의 첩보 조직을 날조해냈다. 따라서 보니페이스나 독일에 있는 스파이 중 한 명이 고위급 독일 장교들의 대화를 엿들었다거나 휴지통에서 비밀 서류를 발견했다는 것을 암시하는 메시지들이 다양한 지역의 영국군에 전달되었을 것이다. 이런 식으로 가짜 정보가 독일군에게 다시 흘러 들어가면서, 독일군은 자신들의 무선 신호가 도청되고 있다는 사실을 눈치채지 못했을 것이다.

전쟁이 끝날 무렵, 블레츨리 파크 팀은 250만 개 이상의 에니그마 메시지를 해독하며 연합군의 승리에 지대한 공헌을 했다. 확실한 것은, 독일군의 메시지를 해독할 수 없었다면, 노르망디 상륙작전이 훨씬 어려웠을 것이란 점이다. 에니그마 암호를 해독하는 블레츨리 파크 암호 해독가들의 역량이 종전을 앞당긴 셈이다.

은현(투명) 잉크와 스파이 업계의 다른 수단들

위 독일의 스파이 에른스트 부르거(Ernest Burger). 동료가 FBI에 자수한 뒤 체포되었다.

1942년 6월 13일 자정을 10분가량 넘긴 시간, 독일 잠수함 유보트에서 나온 네 명의 남자가 뉴욕 롱아일랜드 해안가로 올라왔다. 이들의 임무는 미국의 장비 및 공급품 생산을 파괴하고 미국인들에게 공포를 조성하는 것이었다. 이들은 2년간의 작전에 필요한 자금(175,200달러)과 충분한 폭발물을 싣고 왔지만, 채 48시간이 안 되어 위기를 맞았다. 6월 14일 저녁, 팀의 리더인 게오르게 다슈(George John Dasch)가 불안감을 이기지 못하고 뉴욕 FBI에 자수한 것이다. 며칠 후 그는 수감되어 심문을 받았다. 다슈의 사건을 조사하던 FBI 요원들이 우연히 손수건 하나를 발견하여 암모니아 가스로 테스트를 했다. 그 결과 황산구리 화합물로 쓴 투명 글씨가 드러났다. 다슈의 팀과 플로리다 해안가에 상륙한 또 다른 파괴 공작원들의 이름, 주소, 연락처가 담긴 목록이었다. 이렇게 음모가 만천하에 드러났다. 총 8명 가운데 다슈와 부르거라는 스파이만이 다음 달 집행된 사형을 면했다.

나치의 파괴 공작원들과 마찬가지로, 역사상 스파이들은 적에게 정보를 숨기기 위해 은현 잉크와 다른 유형의 스테가노그래피를 사용해왔다. 정체를 숨기고 활동하는 스파이의 경우, 메시지의 의미를 크립토그래피로 위장하는 것만으로는 부족하다. 메시지가 존재한다는 사실 자체를 숨겨야 한다.

그 가운데 카드 한 벌을 이용하는 기술이 있다. 카드를 약속한 순서대로 정렬한 후 옆면에 메시지를 적는다. 그런 다음 카드를 섞으면 수신자가 다시 정렬하기 전까지 카드 옆면의 표시가 거의 보이지 않는다.

고대 그리스의 전략가인 아이네이아스는 암호문을 전달하는 한 방법으로 책이나 메시지에서 문자의 위나 아래에 작은 구멍을 뚫는 기술을 묘사한 바 있다. 이와 매우 비슷한 방법들이 20세기 전쟁에서도 사용되었다. 일설에 의하면, 비밀 정보를 아주 좁은 공간에 숨기는 또 하나의 방법이 제2차 세계대전 동안 독일에서 개발되었다고 한다. 마이크로닷(microdot)으로 알려진 이 기술은 하나의 이미지를 사진으로 찍어 타이프로 친 마침표 크기로 축소하는 방식이었는데, 일반적인 경로를 통해 보내는 편지나 전보에서 이 정도 크기의 이미지들은 숨길 수 있었다. 지정된 수신자는 현미경으로 점의 내용을 확인할 수 있었다. 현대에는 스테가노그래피가 디지털 영역으로 들어왔다. 디지털 사진이나 오디오 파일이 메시지를 숨기는 데 사용되고 있다. 파일의 2진 코드를 미세하게 변경하면 데이터를 눈에 띄지 않게 내장하는 것이 가능하다.

은현 잉크 제조법

은현 잉크는 다양한 물질로 만들 수 있으므로 그중 일부는 보통의 집에도 있을 것이다. 가장 간단한 재료는 시트러스(감귤류)즙, 양파즙, 우유다. 붓, 펜촉, 손가락 등을 즙에 담갔다가 종이 위에 무언가를 쓰면 투명 메시지가 만들어진다. 이 잉크는 백열전구나 다리미의 열로 눈에 보이게 만들 수 있다. 레몬주스의 경우에는 주스의 산성을 흡수한 종이가 흡수하지 않은 부분보다 온도가 낮아 갈색으로 변한다. 또 하나의 은현 잉크는 식초다. 식초로 쓴 글씨는 적양배추 물에 적시면 모습이 드러난다. 그밖에도 구리, 황산철, 암모니아와 같은 수많은 화학물질을 사용할 수 있다. 은현 잉크로 암호문을 작성할 때는, 종이에 일반 볼펜으로 미끼용 메시지를 적는 것도 좋은 방법이다. 아무것도 없는 빈 종이가 오히려 더 의심스러울 수 있기 때문이다.

히틀러의 암호

독일군이 교환했던 대부분의 비밀 메시지에는 에니그마로 변형을 준 방법들이 사용되었다. 그러나 일부 메시지, 주로 히틀러가 자신의 사령관들에게 보내는 메시지는 안전한 암호화 수단으로도 안심할 수 없는 극비로 취급되었다.

에니그마 외의 암호 시스템을 사용하여 암호화된 메시지들이 1940년 처음으로 입수되었다. BP의 암호 해독가들은 이 암호 메시지들을 통칭하여 '물고기(Fish)'라고 불렀다.

훗날, 물고기 암호화에 휴대용 에니그마 기계보다 훨씬 큰 기계가 사용되었음이 드러났다. '로렌츠 SZ40'으로 알려진 이 기계는 12개의 회전자를 사용하였기 때문에 에니그마와 비교할 수 없을 정도로 훨씬 더 복잡했다. BP의 암호 해독가들이 이 기계를 식별할 수 있는 유일한 방법은 당연히 기계가 생성한 암호 메시지를 통해서였다. 그들은 한 번도 본적 없는 이 기계에 '다랑어(Tunny)'라는 별명을 붙였다. 이후 전쟁에서 독일군이 사용한 다른 암호화 기계들도 물고기 이름으로 불렸다. '철갑상어(Sturgeon)'도 그중 하나다. 로렌츠 기계가 가진 복잡함의 핵심은 12개의 회전자가 생성하는, 무작위로 추가된 것으로 보이는 문자들이었다. 에니그마와 마찬가지로 로렌츠 기계의 회전자들도 한 문자마다 회전했다. 5개는 규칙적으로 회전하는 반면, 5개는 두 개의 핀 톱니바퀴 설정에 따라 회전했다. 따라서 물고기 메시지 해독은 정확한 초기 회전자 설정을 찾는 것에 달려 있었다.

그러나, BP의 암호 해독가들은 결국 '다랑어'(로렌츠 SZ40)의 구조를 파악하는 데 성공했다. 1941년 8월에 있었던 독일군 암호 통신원의 실수 덕분이었다. 자신이 보낸 장문의 메시지가 전송 오류를 일으키자, 통신원이 같은 키를 사용하여 메시지를 재전송하면서 단어 몇 개를 빠트린 것이다. 두 메시지는 연합군 청음초소에 입수되어 BP로 보내졌다. 이를 통해 연합군 암호 분석가들은 다랑어의 기본 설계를 파악하고 에뮬레이터(다른 시스템을 모방한 장치-역주)인 히스 로빈슨(Heath Robinson)을 제작할 수 있었다. 히스 로빈슨은 별난 발명품을 그리는 것으로 유명한 만화가의 이름을 딴 것이었다. 하지만 안타깝게도 이 에뮬레이터는 필요한 메시지를 해독하는 데 며칠씩 걸리는 등 너무 느리고 신뢰할 수가 없었다.

문제의 일부는 두 개의 천공 테이프(종이테이프에 구멍을 뚫어 데이터를 저장-역주)가 동시에 빠른 속도로 움직이게 하는 것이었다. BP의 앨런 튜링은 이전에 같이 일했던 토미 플라워스(Tommy Flowers)라는 젊은 전화 기술자에게 다시 도움을 요청했다. 두 사람은 과거 에니그마 해독에 사용된 봄브를 함께 고안한 적이 있었다. 플라워스는 천공 테이프 중 하나를 디지털 스위치처럼 작동하는 일련의 진공관으로 대체하여 동기화 문제를 없애자고 제안했다.

코드 분석

추가 키

로렌츠 기계명의 SZ는 Schlüssel-Zusatz, 즉 추가 키를 나타내며 이는 로렌츠 기계가 텍스트를 암호화하는 토대가 된다. 로렌츠는 2진수 0과 1로 된 5자 길이의 수열로 문자를 표시했다. 가령, A는 11000이고 L은 01001이었다.

각 문자는 배타적 논리합(XOR)이라는 연산을 사용하여 그 문자의 2진수 표시와 또 다른 문자의 2진수 표시를 합하여 암호화되었다.

이 연산은 개별 2진수에 대해 다음과 같은 속성을 가진다.

0 XOR 0 = 0
0 XOR 1 = 1
1 XOR 0 = 1
1 XOR 1 = 0

따라서 A와 L을 합치면 다음의 결과가 나온다.

A =	1 1 0 0 0
L =	0 1 0 0 1
XOR	1 0 0 0 1

이때 10001이 문자 Z를 나타내므로, 이 경우 로렌츠 기계는 A를 Z로 암호화할 것이다. 메시지 수신자는 이 과정을 역으로 수행한다.

	Z = 1 0 0 0 1
	L = 0 1 0 0 1
XOR	1 1 0 0 0

그 결과 우리가 처음 시작했던 A의 2진수 표시로 돌아온다.

기계 제작에 10개월이 소요되었고 1,500개의 진공관이 필요했다. 1943년 12월, 첫 번째 기계가 BP에 설치되어 작동을 시작했다. '콜로서스(Colossus)'라는 이름의 이 기계는 프로그래밍이 가능한 세계 최초의 컴퓨터였다. 크기는 방 하나만 했고 무게는 1톤이나 나갔지만, 콜로서스는 진공관을 기반으로 며칠이 아닌 몇 시간 안에 로렌츠 기계로 암호화된 메시지를 해독할 수 있었다. 콜로서스는 두 개의 데이터 스트림을 비교하여, 프로그래밍 기능을 기반으로 일치하는 각 항목을 계산하는 방식으로 작동되었다. 1944년 6월, 성능이 향상된 콜로서스 마크 II

가 BP에 설치되었다. 전쟁이 끝날 무렵에는 진공관 수가 더 많은 10대의 콜로서스가 사용되고 있었다.

제2차 세계대전 동안 태평양을 무대로 미군과 일본군이 벌인 전쟁은 생사를 건 암호 전쟁이기도 했다. 일본군은 영어를 구사하는 잘 훈련된 군인들로 팀을 짜서 통신을 엿듣고 해당 메시지를 차단하는 임무에 투입했다. 미군은 육군 신호정보국(SIS)의 프랭크 롤렛(Frank Rowlett)이 개발한 시가바 암호 기계와 같이 정교한 암호 시스템을 자체적으로 갖추고 있었다.

위 그리고 맞은편
콜로서스 기계.
프로그래밍이 가능한 세계 최초의 컴퓨터다.

퍼플과 진주만

위 일본의 퍼플 기계.

제2차 세계대전 동안 일본은 메시지를 코드화했다. 고위급 외교 메시지의 경우, 1938년부터 97식 구문인자기(로마자를 쓰는 97형식 타자기)로 불리는 기계를 사용하기 시작했다. 일본어 문자가 아닌, 영어 알파벳과 똑같은 로마자 형태를 입력하는 기계였다. 이 기계로 생성된 암호는 미국인 암호 해독가들에게 '퍼플'로 불렸다. 보관하는 폴더 색에 따라 일본 암호의 이름을 붙이는 전통을 따른 것이었다.

에니그마 기계와 달리, 퍼플 기계는 회전자를 사용하지 않았다. 하지만 전화 교환기에서 볼 수 있는 것과 비슷한 스테핑 스위치(접촉자[接觸子]가 단계적으로 360도 회전하는 스위치)를 사용했다. 각 스위치에는 25개의 위치가 있었고, 전기 파동이 가해지면 다음 위치로 넘어갔다. 기계 내부에서는 알파벳이 두 그룹으로 나뉘었다. 6개의 문자로 구성된 그룹(모음+Y)과 20개의 문자로 구성된 그룹(자음)이다. 모음의 경우, 모음 하나를 입력할 때마다 한 단계 움직이는 스위치가 있었다. 반면 자음의 경우, 25개의 위치를 가진 스위치 3개가 서로 연결되어 있어서 자동차의 주행기록계처럼 회전하였다.

독일인들이 에니그마를 믿었듯, 일본인들도 퍼플 암호가 해독되지 못할 것이라고 믿었다. 그러나 윌리엄 F. 프리드먼 국장과 암호 분석가 프랭크 롤렛이 이끄는 미 육군 신호정보국(US Army Signals Intelligence Service, SIS) 소속 팀이 퍼플 암호를 해독하는 데 성공했다. 퍼플 해독에 있어 가장 큰 진전을 이끈 인물은 아마도 퍼플 기계의 복제본을 만들어 낸 SIS의 리오 로젠(Leo Rosen)일 것이다.

이 복제본과 퍼플 기계에 사용된 키 파악을 위한 암호 분석을 통해, SIS는 1940년이 저물 무렵 퍼플로 암호화된 수많은 메시지를 해독하였다. 퍼플 해독에 사용된 암호 분석 기술은 에니그마 암호 해독에 사용된 기술과 비슷했다. 자주 사용되는 서두와 맺음말을 크립으로 사용하는 한편, 오류로 인해 두 번 이상 전송된 메시지들을 이용하여 이 '해독 불가능한' 암호를 해독하였다.

퍼플의 기초를 파악했다고 해서 그 즉시 모든 메시지를 읽을 수 있는 것은 아니었다. 여전히 풀어야 할 메시지 키들이 있었기 때문에, SIS의 성과를 통한 정보 공급은 단편적일 수밖에 없었다. 해독한 메시지에서 획득한 정보를 분류하는 문제도 있었다. 비밀 엄수가 필수인 경우, 정보를 받은 많은 이들이 그 가치를 인식하지 못했다.

미국이 제2차 세계대전에 참여하기 전, 미국과 일본은 태평양 지배권을 둘러싸고 대규모 경제 전쟁에 봉착해 있었다. 해독된 메시지의 일부를 통해 미국 정부는 일본이 외교 채널을 통해 한 말과 실제 행동이 교활하게 다르다는 것을 파악했을 수 있다. 그러나 많은 암호 해독 전문가들은 미국이 퍼플 메시지의 일부를 읽을 수 있었던 탓에 고작 몇 년 후 무참히 깨지고 말 위안을 얻게 되었다고 생각한다.

1941년 12월 7일, 미국과 외교 관계를 단절한 일본 대사관으로부터 가로챈 퍼플 암호 메시지가 해독되었다. 그러나 곧 있을 진주만 공격과 관련된 이 메시지는 미국 국무부에 제때 전달되지 못했다. 설사 전달되었다 해도 공격에 관한 구체적인 언급이 없었기 때문에, 사전에 어떤 조치가 취해졌을 것 같지는 않다.

나바호 코드 통신병

아래 1943년 12월, 솔로몬 제도, 부갱빌 최전방(Bougainville front line)에서 휴대용 무선 송신기를 조작하고 있는 나바호족 해병대원들.

'전기 코드 기계 마크 II'로도 알려진 이 기계는 에니그마와 퍼플 기계에서 볼 수 있는 싱글 스텝(한 조작에 하나씩 명령을 주는) 회전자나 스위치 작동을 쓰지 않았다. 그로 인해 암호문 해독이 더 쉬워지는 것을 막기 위해서였다. 시가바는 각각의 문자가 입력된 후 각 회전판이 얼마나 움직였는가를 무작위화해 주는 천공 테이프를 사용함으로써 도청자들의 해독을 훨씬 어렵게 만들었다. 시가바가 널리 사용되는 동안은 시가바

메시지 해독이 불가능하다는 통념이 일반적이었다.

시가바의 단점은 기계가 비싸고, 매우 크고, 복잡하며, 전장에서는 거의 사용되지 않는다는 것이었다. 전투에서는 지연이 곧 손실이다. 일례로 과달카날섬 전투에서 참모들은 메시지를 보내고 해독하는 데 종종 2시간 이상이 걸린다고 불만을 토로하였다. 기계가 잘 고장나고 암호화가 느리기 때문이었다. 미군은 더 빠른 시스템을 원했다. 그러던 1942년 초, 캘리포니아에 거주하는 공학자이자 제1차 세계대전 참전용사였던 필립 존스턴(Philip Johnston)이 완벽한 해결책을 내놓았다.

존스턴은 선교사의 아들로 4살 때부터 아메리카 원주민 나바호족과 어울려 살았다. 그로 인해 나바호족이 아니면서 나바호어를 유창하게 구사하는 몇 안 되는 사람 중 하나였다. 1942년, 제2차 세계대전에 참전한 아메리카 원주민에 관한 신문 기사를 읽은 그는 어렵기로 악명 높은 나바호어를 이용하면 보안이 확실한 메시지를 나바호 통신병끼리 빠르게 보낼 수 있겠다는 생각을 하게 되었다.

며칠 후, 존스턴은 캠프(군영) 엘리엇의 통신 장교, J. E. 존스 소령(J. E. Jones)에게 자신의 생각을 전달했다. 2월 28일, 장교들을 대상으로 한 시연에서 두 명의 나바호인이 세 줄짜리 메시지를 20초 안에 코드화하고, 전송하고, 해독하였다. 당시의 코드 기계로는 무려 30분이 걸리던 일이었다.

나바호 신병들은 어휘 수집을 도왔다. 그들은 특정 군사 용어를 지칭할 때 자연계와 관련된 단어를 선택하는 경향이 있었다. 그리하여 새 이름이 항공기 종류를, 물고기가 선박을 대신했다.

얼마 후, 29명의 나바호인이 신병으로 보충되었고 첫 번째 나바호 코드를 만드는 일을 착수하였다.

훈련을 받은 코드 통신병들은 테스트를 쉽게 통과했다. 나바호어로 번역되어 무선으로 전송된 후 다시 영어로 번역된 일련의 메시지들은 완벽한 정확도를 가진 것으로 드러났다.

다음으로, 유명한 해군정보부대에 나바호 코드를 제시하고 코드 해독의 기회를 주었지만, 3주 후 그들은 당혹감을 표시했다. 나바호어가

코드 분석

나바호 코드

실제 단어	코드 단어	나바호어 번역
전투기	벌새	Da–he–tih–hi
관측기	올빼미	Ne–as–jah Torpedo
뇌격기	제비	Tas–chizzie
폭격기	대머리수리	Jay–sho
급강하 폭격기	말똥가리	Gini
폭탄	새알	A–ye–shi
수륙양용 자동차	개구리	Chal
전함	고래	Lo–tso
구축함	상어	Ca–lo
잠수함	철어	Besh–lo

완성된 어휘는 274개의 단어를 포함했지만, 예상치 못한 단어나 인명 및 지명을 번역하는 것에는 여전히 문제가 있었다. 해결책은 코드화된 알파벳을 고안하여 어려운 단어의 철자를 풀어 쓰는 것이었다. 예를 들면, 해군(Navy)은 나바호어로 'nesh-chee (nut) wol-la-chee (ant) a-keh-di-glin (victor) tsahas-zoh (yucca)'로 번역될 수 있었다. 각각의 문자마다 몇 개의 변형어도 있었다. 가령, 나바호어 단어 'wol-la-chee' (ant), 'be-la-sana' (apple), 'tse-nill' (axe)는 모두 'a'를 나타냈다. 아래 표는 각 문자에 사용되는 나바호어 단어의 일부다.

A	Ant(개미)	Wol–la–chee	N	Nut(땅콩)	Nesh–chee
B	Bear(곰)	Shush	O	Owl(올빼미)	Ne–ahs–jsh
C	Cat(고양이)	Moasi	P	Pig(돼지)	Bi–sodih
D	Deer(사슴)	Be	Q	Quiver(화살통)	Ca–yeilth
E	Elk(엘크)	Dzeh	R	Rabbit(토끼)	Gah
F	Fox(여우)	Ma–e	S	Sheep(양)	Dibeh
G	Goat(염소)	Klizzie	T	Turkey(칠면조)	Than–zie
H	Horse(말)	Lin	U	Ute(우트족)	No–da–ih
I	Ice(얼음)	Tkin	V	Victor(승리자)	A–keh–di–glin
J	Jackass(수탕나귀)	Tkele–cho–gi	W	Weasel(족제비)	Gloe–ih
K	Kid(아이)	Klizzie–yazzi	X	Cross(십자형)	Al–an–as–dzoh
L	Lamb(새끼 양)	Dibeh–yazzi	Y	Yucca(유카[식물])	Tsah–as–zih
M	Mouse(쥐)	Na–as–tso–si	Z	Zinc(아연)	Besh–do–gliz

'후두음과 비음, 혀가 꼬이는 이상한 소리의 연속'이며 '해독은커녕 옮겨 적지도 못하겠더라'는 것이었다.

나바호 코드는 성공 사례로 간주되었고, 1942년 8월까지 코드 통신병 27명으로 구성된 부대가 과달카날섬에 상륙했다. 미군과 연합군이 일본군을 상대로 힘겹게 군사작전을 벌이고 있는 곳이었다. 이들은 총 420명에 달하는 나바호 코드 통신병의 시초로, 미 해병이 1942년부터 1945년까지 괌, 이오섬, 오키나와, 펠렐리우섬, 사이판, 부건빌섬, 타라와섬 등의 영토에서 수행한 모든 공격에 참여했다.

나바호 통신병의 역할은 매우 중요했다. 이오섬 전투에서 제5해병사단 통신 장교인 하워드 코너(Howard Connor) 소령은 6명의 나바호 코드 통신병에게 전투의 첫 이틀 동안 쉬지 않고 임무를 수행하도록 했다. 통신병들은 일체의 실수 없이 800개가 넘는 메시지를 주고받았다. 코너 소령은 '나바호 대원들이 아니었다면 해병대가 이오섬을 손에 넣는 일이 없었을 것'이라고 밝혔다.

실제로 나바호 코드는 일본 암호 해독가들에게 침범할 수 없는 영역으로 남았다. 전쟁이 끝날 무렵, 일본 정보부의 수장인 육군 중장 세이조 아리스에는 일본군이 미 공군의 코드는 해독했지만, 나바호 코드만큼은 아무런 진전이 없었다고 인정했다.

나바호 코드 통신병 이야기는 현재 전 세계에 널리 알려졌지만, 미국 국가 안보 차원에서 1968년까지는 비밀로 유지되었다. 1982년 마침내, 미국 정부는 8월 14일을 '나바호 코드 통신병의 날'로 지정하는 것으로 이들을 기렸다. 이렇게 훗날 최초의 코드 통신병들은 의회 명예 훈장(Congressional Gold Medal)을, 후속 코드 통신병들은 의회 은성 훈장(Congressional Silver Medal)을 받았다.

CONFIDENTIAL

NAMES OF ORGANIZATIONS (Con't)

MILITARY MEANING	NAVAJO PRONUNCIATION	NAVAJO MEANING
Battalion	Tacheene	Red Soil
Company	Nakia	Mexican
Platoon	Has-clish-nih	Mud
Section	Yo-ih	Beads
Squad	Debeh-li-zini	Black Sheep

COMMUNICATION NAMES

MILITARY MEANING	NAVAJO PRONUNCIATION	NAVAJO MEANING
Telephone	Besh-hal-ne-ih	Telephone
Switchboard	Ya-ih-e-tih-ih	Central
Wire	Besh-le-chee-ih	Copper
Telegraph	Besh-le-chee-ih-beh-hane-ih	Comm by copper wire
Semaphore	Dah-na-a-tah-ih-beh-hane-ih	Flag Signals
Blinker	Coh-nil-kol-lih	Fire Blinder
Radio	Nil-chi-hal-ne-ih	Radio
Panels	Az-kad-be-ha-ne-ih	Carpet Signals

OFFICERS NAMES

MILITARY MEANING	NAVAJO PRONUNCIATION	NAVAJO MEANING
Officers	A-la-jih-na-zini	Headmen
Major General	So-na-kih	Two stars
Brigadier General	So-a-la-ih	One star
Colonel	Atsah-besh-le-gai	Silver Eagle
Lt.Colonel	Che-chil-be-tah-besh-legai	Silver Oak Leaf
Major	Che-chil-be-tah-ola	Gold Oak Leaf
Captain	Besh-legai-na-kih	Two Silver Bars
1st Lieutenant	Besh-legai-a-lah-ih	One Silver Bar
2d Lieutenant	Ola-alah-ih-ni-ahi	One Gold Bar

AIRPLANE NAMES

MILITARY MEANING	NAVAJO PRONUNCIATION	NAVAJO MEANING
Airplanes	Wo-tah-de-ne-ih	Air Force
Dive Bomber	Gini	Chicken Hawk
Torpedo Plane	Tas-chizzie	Swallow
Observation Plane	Ne-as-jah	Owl
Fighter Plane	Da-he-tih-hi	Humming Bird
Bomber	Jay-sho	Buzzard
Patrol Plane	Ga-gih	Crow
Transport Plane	Atsah	Eagle

SHIPS NAMES

MILITARY MEANING	NAVAJO PRONUNCIATION	NAVAJO MEANING
Ships	Toh-dineh-ih	Sea Force
Battleship	Lo-tso	Whale
Aircraft Carrier	Tsidi-ney-ye-hi	Bird Carrier
Submarine	Besh-lo	Iron Fish

CONFIDENTIAL

-2-

위 나바호 코드.

냉전 시대의 코드 전쟁(The Cold War, code war)

미국과 소련이 동맹국이었음에도, 냉전의 징조들은 제2차 세계대전 도중에 이미 나타나고 있었다. 1943년 초, SIS는 버지니아주의 알링턴 홀을 근거지로 소련의 외교 통신을 감시하는 비밀 프로그램을 만들었다. '베노나(Venona)'로 불린 이 프로그램은 전직 교사였던 진 그래빌(Gene Grabeel)에 의해 시작되었다. 전쟁이 끝나자, 언어학자인 메레디스 가드너(Meredith Gardner)가 그래빌과 합류했다. 가드너는 전쟁 기간 독일과 일본의 코드를 해독했던 인물로 이후 27년 동안 베노나의 주요 번역가이자 분석가로 활동했다.

베노나가 취급하는 메시지들이 송신자가 누구냐에 따라 다섯 개의 시스템 가운데 하나로 암호화된다는 것이 명확해졌다. KGB, 소련 육군참모정보국, 소련 해군정보부, 외교관, 통상대표부가 각각 다른 시스템을 사용했던 것이다. 전직 고고학자인 리처드 핼록(Richard Hallock) 중위가 통상대표부발(發) 메시지를 처음으로 해독하였다. 그다음 해, 또 한 명의 암호 분석가 세실 필립스(Cecil Phillips)가 KGB 메시지에 사용된 암호 시스템의 기본 원리를 파악하였으나 메시지를 읽을 수 있기까지는 2년의 집중적인 암호 분석 기간이 필요했다.

소련이 사용하는 모든 암호 프로그램은 이중 암호화를 포함했다. 암호화의 1단계는 코드북에 있는 숫자 목록으로 단어와 구를 대체하는 것이었다. 2단계에서는 메시지를 더 복잡하게 만들기 위해, 송신자와 수신자가 사본을 가지고 있는 1회용 암호표에서 임의의 숫자를 취해 메시지에 추가하였다. 만약 소련이 이 '1회용 암호표'를 정확하게 사용했다면, 즉 여러 번 재사용하지 않고 한 번만 사용했다면, 메시지는 풀리지 않은 채로 남았을 것이다. 그러나 1회용 암호표의 일부가 복사본을 가지고 있었고, 이것이 연합군의 손에 들어가는 바람에 알링턴 홀의 암호 분석가들이 KGB의 메시지를 이해할 수 있는 길이 열리고 말았다.

1946년 말 무렵, 베노나 암호 분석가들이 해독한 한 메시지에 맨해튼 원자폭탄 프로젝트에 참여했던 과학자들의 이름이 나열되어 있었

다. 많은 이들이 이 메시지와 원자폭탄에 관한 다른 정보로 인해 소련이 예상보다 훨씬 빠르고 쉽게 자체 무기를 개발할 수 있었다고 여긴다. 이는 두 초강대국의 관계를 냉각시킨 중요한 계기가 되었다.

위 1944년 12월 23일, 태평양 이오섬 상공의 제2차 세계대전 B24 리버레이터 폭격기.

3,000여 개의 베노나 메시지에는 소련 스파이들의 정체뿐 아니라 기타 인물들과 장소를 숨기는 데 사용한 코드명들이 여기저기 흩어져 있었다. 다음은 몇몇의 예시이다.

코드 이름	실제 이름
KAPITAN 카피탄	루즈벨트 대통령
BABYLON 바빌론	샌프란시스코
ARSENAL 아스날	미 육군성
THE BANK 더 뱅크	미 국무부
ENORMOZ 이노모즈	맨해튼 프로젝트/원자폭탄

아래 데이비드 그린글래스(왼쪽 사진, 왼쪽)와 줄리어스 로젠버그(오른쪽 사진, 왼쪽), 스파이 활동에 대한 판결을 받기 위해 법원에 도착한 모습.

베노나 메시지에서 많은 것들이 드러나면서 미국은 KGB 활동에 관한 정보를 알게 되었다. 도청 장치 사용과 같이 첩보와 방첩 활동에 사용되는 실제 방법들이었다.

베노나로 정체가 드러난 소련 첩보원 중에 줄리어스 로젠버그(Julius

Rosenberg)가 있었다. 그는 자신의 아내인 에델과 함께 국가 안보와 관련된 간첩 혐의로 유죄 판결을 받고 1953년 미국에서 처형되었다. 이들에 대한 유죄 판결과 사형 집행은 논란의 대상이었다. 로젠버그 부부는 로스앨러모스 국립 연구소(미국의 국립 연구소로, '맨해튼 계획'으로 세계 최초의 핵폭탄을 개발했다)에서 근무하던 에델의 동생, 데이비드 그린글래스(David Greenglass)의 증언으로 유죄 판결을 받았다. 그가 로젠버그 부부에게 비밀 정보를 넘긴 후 부부가 그것을 소련에 넘겼다고 증언한 것이다. 그린글래스가 베노나 메시지에서 사용한 코드명은 칼리버(Calibre)로 확인되었다.

위 NSA 로고.

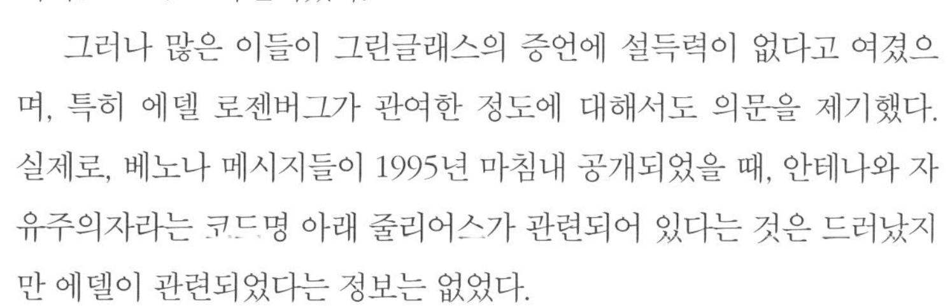

그러나 많은 이들이 그린글래스의 증언에 설득력이 없다고 여겼으며, 특히 에델 로젠버그가 관여한 정도에 대해서도 의문을 제기했다. 실제로, 베노나 메시지들이 1995년 마침내 공개되었을 때, 안테나와 자유주의자라는 코드명 아래 줄리어스가 관련되어 있다는 것은 드러났지만 에델이 관련되었다는 정보는 없었다.

1952년 해리 트루먼 대통령은 각 군대의 암호국을 통합한 미국 국가안보국(NSA)을 설립했다. 초기에는 금괴 매장지로 유명한 켄터키주 포트 녹스에 본부가 있었으나, 이후 메릴랜드주 포트 미드로 옮겼으며 현재까지 그곳에 기반을 두고 있다.

1950년대 미국의 암호 분석은 망명자에 의존하는 부분이 컸기 때문에 최신 정보에 뒤처진 상태였다. 그러나 베노나는 1980년까지 계속해서 전시 메시지를 해독했다. 1960년대부터 1970년대까지 소련 첩보원의 신분이 다수 밝혀진 것은 베노나의 지속적인 작업 덕분이었다. 1995년이 되어서야 베노나가 취급했던 총 3,000개의 메시지가 공개되면서 냉전 시기 암호 분석의 역할이 드러났다.

제5장

속도

오늘날 온라인 시대에는 강력한 디지털 암호가
데이터를 범죄로부터 보호한다.
공개키 암호, 인수분해, 고급 암호화 표준.

범죄자들은 자신이 하는 행위의 본질을 숨기기 위해 흔히 코드와 사이퍼에 의존한다. 지난 세기를 거치며, 사법당국은 범법자들보다 늘 한 걸음 앞서 있기 위해 암호 해독 전문가가 되어야 했다. 그러나 엄청난 금전적 보상의 가능성에 고무된 범죄자들 역시 자신의 불법 행위를 비밀로 유지하기 위해 단순한 암호에서 벗어나 대단히 정교한 기술을 사용하게 되었다.

한편, 인터넷 뱅킹과 온라인 스토어처럼 상거래를 위해 통신 채널을 사용하는 합법적인 사업들은 고객의 금융 정보를 비밀로 유지하기 위해 암호학에 의존해야 했다. 결과적으로 해커들과 범죄자들 역시 전 세계를 돌아다니는 수십억 가치의 돈을 자신들의 계좌로 빼돌리기 위해 암호 분석에 공을 들이고 있다.

키 교환 문제

사실상 또는 완벽하게 해독 불가능한 메시지 암호화 방법이 있는데도 누군가는 왜 그보다 못한 암호화 방법을 사용하려 할까? 그런 식의 매우 안전한 암호 시스템이 실제 상황에서는 무용지물일 수 있기 때문이다. 만약 암호화에 너무 많은 시간이 걸릴 경우, 보안을 포기하고 속도

맞은편 광섬유 케이블.

위 영국 정보기관 중 하나인 정부통신본부.

를 택해야 할 수도 있다는 말이다.

암호화된 메시지를 보낼 때 직면하게 되는 또 하나의 문제는 메시지가 어떤 방법으로 암호화되었는지 수신자에게 어떻게 알리는가 하는 것이다. 문자치환 사이퍼와 같은 암호의 경우, 암호화 방법이 도청자에게 알려지고 나면, 모든 메시지가 쉽게 읽힐 수 있기 때문이다.

공개키 암호(public-key encryption, PKE) 시스템은 이 두 문제를 모두 다루고 있다. 그러나 실제로는 공개키와 비밀키, 두 개의 키를 사용한다. 두 키는 모두 공인인증기관에서 발급된다. 공개키는 디렉터리에 전자

인증서 형태로 보관되며, 소유자와 통신하고자 하는 누구나 이용할 수 있다. 공개키와 개인키는 본질적으로 큰 수이며 수학적으로 연관되어 있다. 다시 말해, 둘 중 하나가 메시지 암호화에 사용되면, 나머지 하나는 복호화(정당한 절차를 통해 키를 가지고 암호문의 원래 데이터를 복원)에 사용될 수 있다.

공개키 암호(PKE)에 대한 최초의 연구는 1970년대 초 제임스 엘리스(James Ellis), 클리포드 콕스(Clifford Cocks), 맬컴 윌리엄슨(Malcolm Williamson)에 의해 수행되었다. 블레츨리 파크에서 성장한 영국 정부통신본부(Government Communications Headquarters, GCHQ)에서였다. 그러나 이 작업은 극비로 간주되어 1997년이 되어서야 공개되었다. 그 사이 미국 스탠퍼드대학의 휘트필드 디피(Whitfield Diffie)와 마틴 헬만(Martin Hellman)이 그와 별개로 공개키 암호 개념을 고안해냈고, 그 결과 '디피-헬만 암호'로 불리기도 한다. 그러나 이 키들이 수학적으로 연관되어 있다는 사실을 아는 것만으로는 암호 해독가 지망생에게 충분한 단서가 되지 않는다. 하나의 키를 나머지 하나에서 도출하는 것은 사실상 불가능에 가까운 것으로 여겨지기 때문이다. 대칭 암호는 암호화와 복호화에 동일한 키를 사용하는 방법으로, 간단한 문자치환을 예로 들 수 있다. 따라서 메시지의 암호화와 복호화에 다른 키를 사용하는 프로세스는 암호가 비대칭이라는 것을 의미한다.

PKE의 주요 장점 중 하나는 키를 인증할 수 있는 중앙 데이터베이스가 필요 없기 때문에, 통신 채널을 도청하는 도청자들의 확인 과정에서 키가 유출될 가능성을 줄여준다는 것이다.

PKE 실행하기

영국 정부통신본부와 스탠퍼드대학이 공개키 암호(PKE)의 기반을 다지기는 했지만, 실용화에 성공한 것은 MIT의 세 연구원, 로널드 리베스트(Ronald Rivest), 아디 샤미르(Adi Shamir), 레너드 애들먼(Leonard Adleman)이었다. 세 사람은 공개키와 개인키 연결에 쉽게 사용할 수 있을 뿐 아니라 —컴퓨터로 송신자의 신원을 확인하는 방법으로— 전자 서명 교환이 가능한 수학적 방법을 발견했다. 이들의 방법은 약수와 소수가 관련되어 있었다.

어떤 수가 되었든, 그 수의 약수는 나머지 없이 정확하게 나누어 떨어지는 정수들이다. 가령, 6의 약수는 1, 2, 3, 6이다. 6을 이 수들로 나누면 나머지 없이 정수만 남는다. 6을 4로 나누면 몫이 1이 되고 나머지가 2이므로 4는 6의 약수가 아니다. 소수는 두 개의 약수, 1과 자기 자신만 있는 수이다. 우리는 6이 4개의 약수를 가지므로 소수가 아니라는 것을 바로 알 수 있다. 반면에 숫자 5는 5와 1로 정확히 나누어 떨어지는 소수이다.

이 정의를 염두에 두고 우리는 처음 몇 개의 소수를 나열해볼 수 있다. 2, 3, 5, 7, 11, 13, 17, 19, 23, 29, 31 등이다. 숫자 1은 약수가 하나뿐이기 때문에 소수로 간주하지 않는다. 이 소수 목록에서 가장 큰 두 수(29와 31)를 곱하는 것은 매우 쉽다. 계산기로 몇 초가 걸리는 쉬운 일이다. 연필과 종이만 가지고도 빠르게 계산할 수 있고, 암산으로도 그리 오랜 시간은 걸리지 않을 것이다. 30×31에서 31을 빼면 899가 되는 쉬운 방법을 택한다면 말이다.

그러나 이 문제를 역으로 생각해보면 훨씬 어렵다. 만약 여러분에게 숫자 899를 주고, 곱셈에 사용된 약수 두 개를 찾으라는 문제가 주어진다면, 계산기로는 1시간, 연필과 종이로는 하루, 암산으로는 1주일이 걸릴지도 모른다.

포함되는 소수가 커질수록, 계산하는 시간도 오래 걸린다. 이 책을 집필하는 현재 알려진 가장 큰 소수는 2018년에 발견되었으며, 2,400만이 넘는 자릿수를 가진다. 이 말은 이처럼 큰 두 개의 소수를 곱하는 일이 여러분의 평범한 데스크톱 계산기로 할 수 있는 일이 아님을 의미하기는 하지만, 약간의 연산력으로 이를 산출할 수 있다. 역으로 하는 산출은 상상할 수 없을 정도로 오랜 시간이 걸린다. 하지만, 어떤 난관에서도 그래왔듯, 이를 기꺼이 시도하고 있는 사람들이 있다. 최근 성공한 232자리 키 복호화에 무려 '2000년' 이상에 상당하는 계산 시간이 걸렸다.

소수를 이용한 이러한 수학적 난제가 리베스트, 샤미르, 애들먼이 개발한 알고리즘(RSA)의 기본 원리이다. 이들이 설립한 회사, RSA 시큐리티는 현재 애플리케이션에 사용되는 RSA 암호화 표준을 10억 번 이상 구현한 것으로 추정한다. 유명한 RSA 제품 중 하나인 시큐어ID(SecurID)라는 하드

위 매사추세츠 공과대학(MIT).

웨어 토큰은 기업의 IT 시스템에 원격 접근하려는 사용자들의 신원 파악을 돕는다. 사용자는 일종의 전자 보안 터널인 가상 개인 네트워크를 이용하여 기업 시스템에 로그인한다. 각각의 사용자에게는 액정 표시장치가 포함된 작은 스마트카드(key fob)가 제공된다. 액정에는 6자리 숫자가 나타나고 이 숫자는 60초마다 바뀐다. 사용자가 시스템에 접속하려면, 먼저 로그인 페이지를 불러내 본인 확인을 위한 숫자 코드를 입력하고, 스마트카드 액정에 표시되는 6자리 숫자를 추가한 다음, 미리 정한 패스워드를 입력한다. 사용자가 아는 것(패스워드)과 가지고 있는 것(스마트키)을 조합한 이 방법은 본인 인증을 위한 일반적인 수단이 되고 있다. 보통 이중 인증이라는 용어로 불린다.

조디악 킬러

한 연쇄 살인마가 암호로 된 편지를 신문에 게재한다. 편지를 해독하면 그의 정체에 대한 단서가 나올 것이다. 마치 B급 영화의 줄거리처럼 들리는 이 이야기는 1960년대와 1970년대 캘리포니아 베이 지역(Bay Area)에서 실제로 일어났던 일이다. 적어도 7건의 살인이 이 지역에서 동일인에 의해 발생한 것으로 여겨진다. 어떤 이들은 살인마 손에 희생된 사람의 수가 30명대에 이를 수도 있다고 본다.

살인마와 암호의 관계는 그 지역 신문사들과의 연이은 편지에서 드러났다. 1969년, 살인마는 살인의 동기가 담긴 내용이라며, 세 개의 암호문을 신문사 세 곳에 보냈다.

3부작 암호로 알려지게 된 이 암호는 약 50개의 서로 다른 기호를 담고 있으며, 그중 일부는 황도 12궁(signs of the Zodiac)을 나타내는 기호와 비슷하다(아래 그림 참조). 그로 인해 살인마는 '조디악 킬러'로 불리게 되었다.

암호에 사용된 기호가 26개가 넘기 때문에 단순 치환을 기반으로 한 것은 아니었다. 그러나 교사인 도널드 하든(Donald Harden)과 그의 아내가 몇 시간 만에 이 메시지를 해독하는 데 성공했다.

> 나는 살인이 좋다 너무 재밌거든 숲에서 사냥감을 죽이는 것보다 재밌지 인간은 가장 위험한 사냥감이라는 사실이 가장 스릴 넘친다 심지어 여자랑 자는 것보다 낫다 제일 좋은 건 내가 죽으면 나는 천국에서 다시 태어나고 내가 죽인 인간들은 내 노예가 될 거라는 것이다 내 이름은 말하지 않겠다 그랬다가는 사후세계를 위해 내가 노예 수집하는 걸 늦추거나 막으려고 할 테니까.

This is the Zodiac speaking

I have become very upset with the people of San Fran Bay Area. They have not complied with my wishes for them to wear some nice ⊕ buttons. I promiced to punish them if they did not comply, by anilating a full School Buss. But now school is out for the summer, so I punished them in an another way. I shot a man sitting in a parked car with a .38.

⊕-12 SFPD-0

The Map coupled with this code will tell you where the bomb is set. You have untill next Fall to dig it up. ⊕

C △ J I ■ O K ⊥ A M Ⅎ ▲ Ω O R T G
X ⊙ F D V t ■ H C E L ⊕ P W △

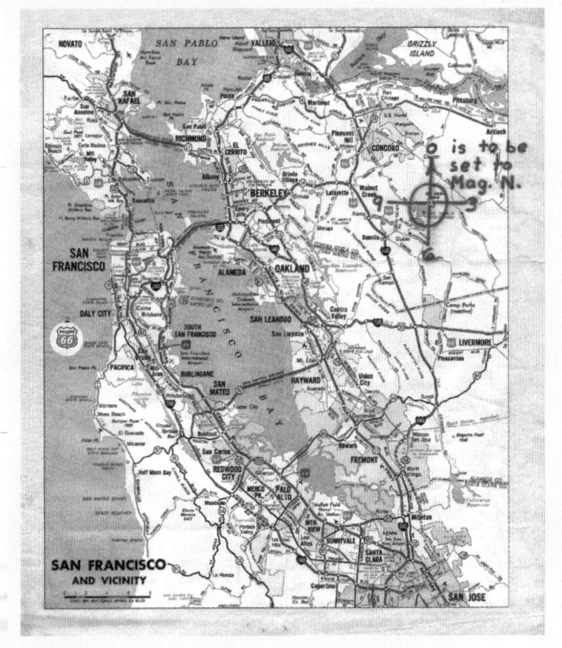

위 조디악 킬러가 쓴 편지 중 하나, 그리고 살인이 발생할 장소를 예고하는 지도.

이 암호문에는 같은 방법으로 암호화된 것으로 보이는 18개의 기호가 추가로 포함되어 있었다. 암호를 해독하면서, 하든 부부는 살인마가 메시지를 자기중심적인 '나'로 시작할 것이고, '죽인다' 또는 '살인'이라는 단어들이 포함되어 있을 것이라고 추정했다. 보다시피 이들의 추측은 정확했다. 이런 유형의 학습된 추측, 즉 '크립'은 오랫동안 암호 해독가의 필수 수단이었다.

결국 3부작 암호의 정체가 동음이자 사이퍼라는 것이 드러났다. 1장에 자세히 설명되어 있지만, 요약하자면 몇 개의 암호문 기호를 사용하여 평문의 각 문자를 대체함으로써 암호 해독가의 빈도분석을 방해하는 방법이다.

살인마는 지역 신문사에 계속해서 편지를 보냈고, 그중 일부에도 암호가 포함되어 있었다. 그리고 그 암호들은 아직 풀리지 않은 채로 남아 있다. 한 편지의 암호문에 살인마의 이름이 있는 것으로 추정되기도 했다. 풀리지 않은 암호 중 가장 유명한 것은 이른바 '340 암호'로, 340개의 기호를 담고 있어서 붙은 이름이다.

340 암호는 63개의 다른 기호를 포함하고 있기 때문에 단순한 단일 문자 치환 암호는 아니다. 단일 문자 치환 암호라면 26개의 기호만을 가지고 있어야 하기 때문이다. 몇몇 사람들이 다중문자 치환을 이용하여 340 암호를 풀었다고 주장하지만, 아직은 그 어떤 것도 널리 인정되지 않고 있다. 340 암호에 매달렸던 암호 해독가들은 수많은 방법을 시도했다. 각 행과 열에 반복되는 기호가 있는지 살피는 복잡한 통계 분석을 통해 일부 암호 분석가들은 340 암호가 3부작 암호와 비슷한 방법으로 암호화되었지만, 평문의 일부 단어가 역방향으로 쓰였다는 결론을 내렸다. 살인마와의 교신은 1974년 예고 없이 중단되었다. 이후 살인마의 종적이나 신원이 밝혀진 적은 없다.

코드 분석
공개키 암호

공개키 암호(PKE) 작동 방식의 간단한 예를 들어보겠다. 먼저 두 개의 소수, P와 Q를 선택하는 것으로 시작한다. 현실에서는 이 수들이 수백에 달하는 자릿수를 가지겠지만, 여기에서는 설명의 편의를 위해 P를 11, Q를 17로 하겠다.

먼저 P와 Q를 곱해서 181을 만든다. 이 수를 계수라고 한다. 다음으로 1과 계수 사이에 있는 난수(임의의 숫자)를 고른다. 우리는 이 수를 E로 부를 것이며, 여기서는 3으로 하겠다.

다음으로 할 일은 D를 찾는 것이다. D는 (D×E)－1이 (P-1)×(Q－1)로 나누어 떨어지는 숫자다. 우리의 예시에서 (P－1)과 (Q－1)을 곱하면 (10×16)이므로 160이 나온다. 숫자 320은 160으로 나누어 떨어지므로 우리는 D의 값을 다음과 같이 찾을 수 있다.

(D×E)－1=320이라고 했을 때

우리는 앞서 E를 3으로 결정했으므로

D=107

이처럼 매우 단순화한 예시에서는 D의 값을 최대한 계산하기 쉽도록 정수로 나타낸다. 이것이 D 값의 유일한 가능성은 아니라는 점에 유념하자. 우리는 E 값으로 다른 수를 고를 수도 있었고, 320 대신 480이나 640 등 얼마든지 다른 수를 고를 수도 있었다.

수학을 이용한 장난처럼 들릴 수 있겠지만, P와 Q의 개별 값을 모른다면 E를 토대로 D의 값을 계산하거나 그 반대로 계산하는 것은 거의 불가능하다.

이제 공개키와 개인키로 다시 돌아가 보자. 우리가 모두와 공유하는 공개키는 사실상 두 개로, 계수 (P×Q)와 숫자 E, 즉, 181과 3이다. 개인키는 숫자 D로 우리 예에서는 107이다. 우리가 P와 Q의 개별값 공개를 원하지 않는다는 점을 감안했을 때, 우리가 계수 (P×Q)를 공개한다는 것이 의아할 수 있을 것이다. 그러나 이것이 사실상 이 기술의 핵심이다. P와 Q에 큰 값이 주어질 경우, 인수분해로 계수를 계산하는 일은 영원과도 같은 시간이 걸리기 때문이다.

이제 우리는 이 키들을 이용하여 메시지의 문자를 암호화하고 복호화하면 된다. A=1,

Z=26이 되도록 알파벳 문자에 숫자를 지정한다고 가정해 보자. 특정 문자를 암호화하려면 알파벳에 주어진 숫자를 토대로 계산을 수행하면 된다. 가령, G를 암호화하고 싶다면 숫자 7을 계산에 이용한다.

먼저 7의 E 거듭제곱을 계산한다. '거듭제곱'이란 같은 숫자를 E번 곱하라는 수학적 약칭이다. 따라서 7의 2 거듭제곱은 7×7=49로, 7의 제곱과 같고, 7의 3 거듭제곱은 7×7×7=343으로 7의 세제곱과 같다.

다음 차례는 모듈러 연산으로, 고정값인 계수에 도달하면 처음부터 다시 시작(순환)하는 것을 의미한다. 모듈러 연산의 좋은 예는 시간 표현이다. 시간을 나타내는 것은 계수 12를 기반으로 하는 효율적인 모듈러 연산이다. (12시가 되면 0에서 다시 시작하므로, 10시에서 5시간이 지나면 15시가 아니라 3시이다.)

우리는 이미 P×Q의 값인 계수(181)를 계산했다. 계수 181을 이용한 모듈러 연산에서 343은 162와 같다(343-181=162이므로). 이 수(162)가 바로 문자 G의 암호화된 형태이다.

따라서 우리는 숫자 162와 우리의 개인키 D(우리의 경우 107)를 수신자에게 전송한다. 이때 수신자도 메시지 해독을 위해 비슷한 과정을 거친다. 다시 동일한 모듈러 연산을 이용하여 162의 107 거듭제곱을 계산하는 것이다. 상상할 수 있겠지만, 162를 107번 곱하면 정말로 큰 수가 나온다. 실제로 2 뒤에 0이 236개 붙는 수가 나온다. 그러나 우리는 모듈러 연산을 이용해서 계산했기 때문에 7이 나올 것이다. 181에 도달할 때마다 0에서 다시 시작하는 설정을 했다면 말이다. 해독된 문자는 7—G이다. 따라서 수신자는 우리 메시지의 첫 번째 문자를 받은 것이 되고, 우리는 전체 메시지가 안전하게 전송될 때까지 같은 과정을 반복하면 된다.

보다시피, 이처럼 대단히 단순화한 예시조차 따라가기 어렵다. 이런 계산을 하려면 성능이 막강한 컴퓨터가 꼭 필요하다. 만약 우리가 오늘날 암호화 소프트웨어에서 사용하는 유형의 숫자를 사용했다면, 세계에서 가장 강력한 컴퓨터를 사용하지 않고서는 계산이 불가능했을 것이다.

포(Poe)의 그레이엄스 매거진 암호 해독하기

수학과 언어에 대한 기초 지식 덕분에 당시 27세였던 길 브로자(Gil Broza)는 150년 넘도록 암호 해독가들을 좌절시켜온 암호를 풀 수 있었다.

이 암호는 암호 애호가이자 소설가인 에드거 앨런 포(Edgar Allen Poe)에 의해 1841년 12월 잡지 〈그레이엄스 매거진〉 기사에 문제 형식으로 처음 등장했다. 포는 독자들에게 잡지사로 암호화된 텍스트를 보내주면 자신이 풀겠다고 했다. 기사 연재가 끝나갈 무렵, 포는 모든 암호를 풀었다고 주장했지만, 답안을 공개하지는 않았다. 그는 WB 테일러(Mr WB Tyler)라는 사람이 보낸 것이라며 두 개의 암호를 공개하였고, 독자들에게 해독에 도전해 보라는 말과 함께 연재를 마쳤다.

포의 암호는 사람들의 뇌리에서 사라졌다가, 다트머스 칼리지의 루이스 렌자(Louis Renza) 교수가 WB 테일러는 다름 아닌 포 자신이라는 설을 제기하면서 다시 주목을 받았다. 1990년대, 윌리엄스 칼리지의 숀 로젠하임(Shawn Rosenheim)은 자신의 책 『암호의 상상력: 에드거 포에서부터 인터넷까지의 암호』를 통해 이 설을 더 진전시켰다.

연구에 힘입어, 1992년 마침내 첫 번째 암호가 해독되었다. 현재 시카고 일리노이대학에 있는 테렌스 웨일런(Terence Whalen) 교수에 의해서였다. 해독된 평문은 조지프 애디슨(Joseph Addison)의 1713년 희곡에서 발췌한 내용이며, 단일 문자 치환 암호를 이용하여 암호화한 것으로 판명되었다.

첫 번째 암호의 해독으로 암호 해독가들의 관심은 두 번째에 집중되었다. 1998년 로젠하임은 암호 해독가들에게 두 번째 암호 해독에 도전할 것을 제안하며 2,500달러의 상금을 걸었다.

수천 명이 도전한 가운데 로젠하임과 다른 두 명의 학자들이 모든 출품작을 자세히 검토하였다. 2000년 7월, 길 브로자가 해답을 제출했으나 10월이 되도록 로젠하임의 인정을 받지 못했다. '해독문에 그들이 기대했던 내용이 없어서 조금 충격을 받은 것 같다'고 브로자는 말한다.

놀랍게도 브로자의 모국어는 영어가 아니다. 그는 이스라엘에서 자랐고 14살이 되어서야 영문학을 읽기 시작했다. 그가 처음으로 암호 해독을 접한 것은 퍼즐 잡지의 크립토그램(알파벳 퍼즐)이었다. 이 퍼즐은 치환 사이퍼를 이용해 암호화된 짧은 텍스트로, 빈도 분석과 단어 패턴을 찾는 것으로 풀 수 있다.

암호를 풀면서 브로자는 몇 가지 추정을 했다. 첫 번째는 평문이 영어로 쓰였다는 것이다. 1992년 해독된 암호가 영어였다는 점을 고려하면 합리적인 추정이라 할 수 있다. 두 번째는 암호문의 분절이 평문의 단어 분절에 상응한다는 것이다. 마지막으로 aml, anl, aol처럼 비슷하게 생긴 단어들이 암호문에서 반복되는 이유는 다중문자 치환 사이퍼를 이용해 암호화되었기 때문이라는 것이었다. 결국 세 가지 추정 모두 옳았음이 드러났다.

브로자는 암호 해독을 위해 두 달간 밤마다 사이퍼를 연구했다. 그는 문자와 단어의 빈도 분석부터 시작했다. 빈도 분석은 암호 분석가들이 사용하는 전통적인 접근법으로, 특히 'the'를 찾는 데 중점을 둔다. 그러나 결과는 미미했다. '그래서 컴퓨터 프로그램을 이용하여 좀 더 긴 단어와 합성어가 될 만한 후보군을 찾았다.' 이 프로그램은 스크래블(Scrabble)에 사용되는 단어 목록을 포함, 인터넷에서 찾은 단어 목록과 대조하여 문자가 일부 겹치는 비순차적 사이퍼 단어군을 매칭하는 방법으로 도움을 주었다.

> 한 달 후, 이 방법도 아무런 효과가 없자, 나는 원인이 딱 한 가지라고 결론 내렸다. 바로 과다한 실수였다. 암호화 실수와 인쇄공이 손으로 쓴 암호를 조판할 때 발생하는 오자(誤字) 실수 둘 다였다. 두세 단어마다 철자가 틀렸을 것이라는 확신을 가지고, 당장은 가능성 없어 보이는 "the" 치환에 한결 관대해지기로 했다.

컴퓨터를 보조수단으로 활용한 이 방식을 통해 영어처럼 보이는 불완전한 단어들이 드러났고, 각고의 노력 끝에 평문이 드러났다.

> 이른 봄, 따듯하고 습한 오후가 한창이었다. 자연의 기분 좋은 나른함이 느껴지는 미풍은 장미와 재스민, 인동덩굴과 그 야생화가 뒤섞인 향으로 가득했다. 연인들이 앉아 있는 열린 창가에도 미풍에 실려 온 향기가 서서히 퍼졌다. 타는 듯한 태양이 그녀의 발그레한 얼굴에 내려앉았다. 그 고상한 아름다움은 지상에 실재하는 것이라기보다는 로맨스의 창조 내지는 꿈을 꾸게 하는 영감에 가까웠다. 요염하고 관능적인 솔바람이 그녀의 곱슬머리를 스치자 연인은 다정하게 그녀를 바라보았다. 그는 햇빛에 눈이 부셔 커튼을 드리우려 벌떡 일어났지만, 그녀가 부드럽게 만류했다. '그러지 말아요, 찰스.' 그녀가 다정하게 말했다. '바람 한 점 없는 것보다는 약간의 햇빛이 나아요.'

'해독을 끝내고 나니, 실수에 관한 내 추정이 옳았음이 증명되었다. 철자의 약 7퍼센트가 틀렸던 것이다'라고 그가 말한다. 예를 들어, 첫 문장의 'warm(따듯한)'은 실제로 'warb'로 해독되었고 두 번째 문장의 'langour(나른함)'은 'langomr'로 표시되었다. 평문이 책의 인용문이었기 때문에 실수를 확인하기는 비교적 쉬웠다. 첫째 줄에 들어갈 단어가 'warm'이 아니면 무엇이겠는가? 그러나 실수가 더 많았다면, 또는 평문이 긴 은행 계좌번호였다면, 실수를 찾아내기가 사실상 불가능했을 것이다.

브로자는 깨지지 않는 코드가 존재한다고 믿을까? '빈도 분석, 패턴, 매칭— 그런 것은 끝났다. 메시지의 출처와 수신지 도청 같은 다른 방법을 찾지 않는다면, 암호는 깨지지 않을 것이다. 나는 암호가 절대 깨지지 않을 것이라고 보지 않지만, 암호는 인간을 위한 통신 수단이고 인간은 실수를 하기 때문이다. 암호로 일기를 쓰는 아이가 있다면 한 번 물어보라.'

코드 분석
약수 구하기

약수를 구하는 방법은 많다. 예를 들어 12의 약수를 구한다고 가정하고, 12개의 조약돌을 머릿속에 상상해 보자:

oooooooooooo

이 12개의 조약돌을 나머지 없이 나누는 방법은 다양하다.

oooooooooooo	12개 1 묶음
oooooo oooooo	6개씩 2 묶음
oooo oooo oooo	4개씩 3 묶음
ooo ooo ooo ooo	3개씩 4 묶음
oo oo oo oo oo oo	2개씩 6 묶음
o o o o o o o o o o o o	1개씩 12 묶음

12개의 조약돌을 균등하게 나누는 방법은 이것이 전부이므로, 조약돌 오른쪽의 숫자들은 12의 전체 약수를 나타낸다. 1과 12는 12의 '자명한' 약수라고 부른다.

대상 숫자를 2 이상의 모든 정수로 나눈 후 나머지가 남지 않는 수를 찾는 방법으로 약수를 찾을 수 있다. 이 수들이 대상 숫자의 고유 약수가 된다. 이 수학 기법은 시제법(试除法, trial division)이라 불리는데, 전체 약수를 찾기 위해 대상 숫자의 절반에 이르는 모든 수를 시도해야 하므로 가장 많은 시간이 걸리는 인수분해 방법이다. (대상 숫자의 절반이 넘는 수까지 갈 이유가 없다는 것은 잘 알 것이다. 대상 숫자 자체인 자명한 약수를 제외하고는 전부 나머지가 생기기 때문이다.)

12와 같은 수를 조약돌이나 시제법으로 인수분해하는 것은 몇 초밖에 안 걸린다. 그러나 아주 큰 수를 인수분해하는 데는 오랜 시간이 걸린다. 오늘날의 키에 사용되는 종류의 숫자들은 엄청난 자릿수를 가지고 있어서 그 수들을 인수분해하려면 평생이 걸릴 수도 있다. 다행히 암호해독가들에게는 시제법 말고도 다른 인수분해 방법들이 있다. 다만 이 방법들은 대체로 무척 복잡한 수학을 포함한다.

고급 암호화 표준

1970년대 중반, 미국 국립표준기술연구소(NBS)는 검열 대상은 아니지만 민감한 정부 데이터를 암호화하는 방법에 대해 이해 관계자들의 의견을 구했다. 컴퓨터 회사인 IBM은 '대칭 블록 암호'를 이용하는 방법을 제시했다. 대칭 블록 암호란 일정 길이의 데이터 블록에 작동하는 암호로 암호화와 복호화에 같은 키를 사용한다.

1977년, 데이터 암호화 표준(Data Encryption Standard, DES)으로 불리는 대칭 블록 암호의 최신 버전이 공개되면서 곧바로 채택되었다. DES는 64비트 블록과 그와 같은 길이의 키를 사용했으나, 키의 56비트만 암호화 용도에 사용되었고 나머지는 전송 오류의 가능성을 줄이기 위해 사용되었다.

RSA 시큐리티가 DES 암호를 해독하는 조직과 개인에게 상금을 제시하자, 전자 프런티어 재단(Electronic Frontier Foundation, EFF)은 무작위 대입 공격(brute force attack)을 이용하여 256개의 가능한 모든 키를 빠르게 대입하는 딥 크랙(Deep Crack)이라는 전용 기계를 만들었다. 1999년 EFF는 이 작업이 하루 만에 가능하다는 것을 증명했다.

DES의 업그레이드 버전인 '트리플 DES'가 그해 채택되었지만, 컴퓨터 처리 능력의 증가로 DES의 보안 문제가 대두되면서 2002년 고급 암호화 표준(Advanced Encryption Standard, AES)으로 대체되었다.

AES는 두 명의 벨기에 암호전문가, 요안 대먼(Joan Daemen)과 빈센트 레이먼(Vincent Rijmen)이 고안한 것으로, AES-128, AES-192, AES-256으로 알려진 128-, 192-, 256-비트 길이의 키를 사용하여 128비트 길이의 데이터 블록을 암호화한다. 이 암호화는 다양한 주기의 비트열 이동, 메시지 비트 교체, 비트 단위의 배타적 논리합 연산(XOR)을 포함한다.

현재, 도청자가 알고리즘을 이용하여 암호 메시지를 읽는 방식으로 AES를 공격한 경우는 없는 것으로 알려져 있다. 그렇긴 해도, 무작위 대입 공격보다 빠르게 메시지를 해독할 수 있는 AES에 대한 이론상의 공격은 다수 공개된 바 있다. 그러나 그와 같은 공격을 수행하는 데 걸리는 시간 때문에 사실상 실행이 불가능하기는 하다. 가령, 이분 공격(biclique attack)이라는 이론 뒤에는 수학의 한 분야인 그래프 이론이 있는데, 이 방법이 무작위 대입 공격보다 4배 빠르다는 것이 2011년 입증되었다. 컴퓨터 기술자이자 내부고발자 에드워드 스노든(Edward Snowden)의 폭로에 따르면 미국 국가안보국(NSA)은 AES를 해독할 새로운 수단을 찾아왔다고 한다.

공개키 암호(PKE)에 사용되는 긴 키와 키를 찾는 데 필요한 수학적 방법이 갈수록 복잡해지면서, 현대의 암호 해독은 이제 관심 있는 아마추어의 영역을 벗어나 수학자의 영역으로 들어왔다. 그러나 큰 수를 인수분해하는 고난이도의 암호 시스템에도 맹점이 있을 가능성은 여전히 남아 있다. 현재까지 알려진 인수분해 방법은 수학적으로 복잡하지만, 더 간단한 방법이 여전히 존재할지 모른다.

인터넷 보안 유지

우리가 보내는 이메일 메시지가 대체로 사소한 내용을 담고 있더라도, 아무도 그 내용을 엿보지 못하기를 바랄 때가 있다. 예컨대, 여러분이 새로운 직장에 지원했다는 사실을 현재의 고용주만큼은 모르길 바랄 것이다.

이메일을 암호화하는 한 가지 방법은 종래의 크립토그래피와 공개키 암호의 요소를 결합한 프리티 굿 프라이버시(Pretty Good Privacy, PGP)라는 소프트웨어 패키지를 사용하는 것이다. PGP는 필립 R. 짐머만(Philip R. Zimmermann)이 만든 것으로, 1991년 인터넷 토론 시스템인 유즈넷(Usenet)에서 무료로 제공되었다. PGP 소프트웨어는 사용자의 마우스 움직임과 타자 방식을 토대로 랜덤키(무작위)를 생성한다. 바로 이 랜덤키가 메시지 암호화에 사용된다.

다음 단계는 공개키 암호화를 사용하는 것이지만, 공개키로 메시지를 암호화하는 것은 아니다. 대신 전 단계에서 사용된 랜덤키가 여러분의 공개키를 이용해 암호화되고, 랜덤키를 이용해 암호화된 메시지와 함께 전송된다. 수신자가 여러분의 메시지를 받으면, 개인키를 이용해 메시지를 복호화하는 것이 아니라, 랜덤키를 복호화하여 첨부된 메시지를 해독하는 데 사용한다.

유즈넷에서의 PGP 공개로 짐머만은 미국 정부의 범죄 수사 대상이 되었다. 이런 식의 PGP 공개가 미국의 암호 소프트웨어 수출 규제를 위반한다는 명목이었다. 이러한 규제가 적용된 이유는 미국 정부가 강력한 암호 기술에 대한 보편적인 접근을 막고자 했기 때문이다. 미국 국가안보국(NSA)의 암호 분석

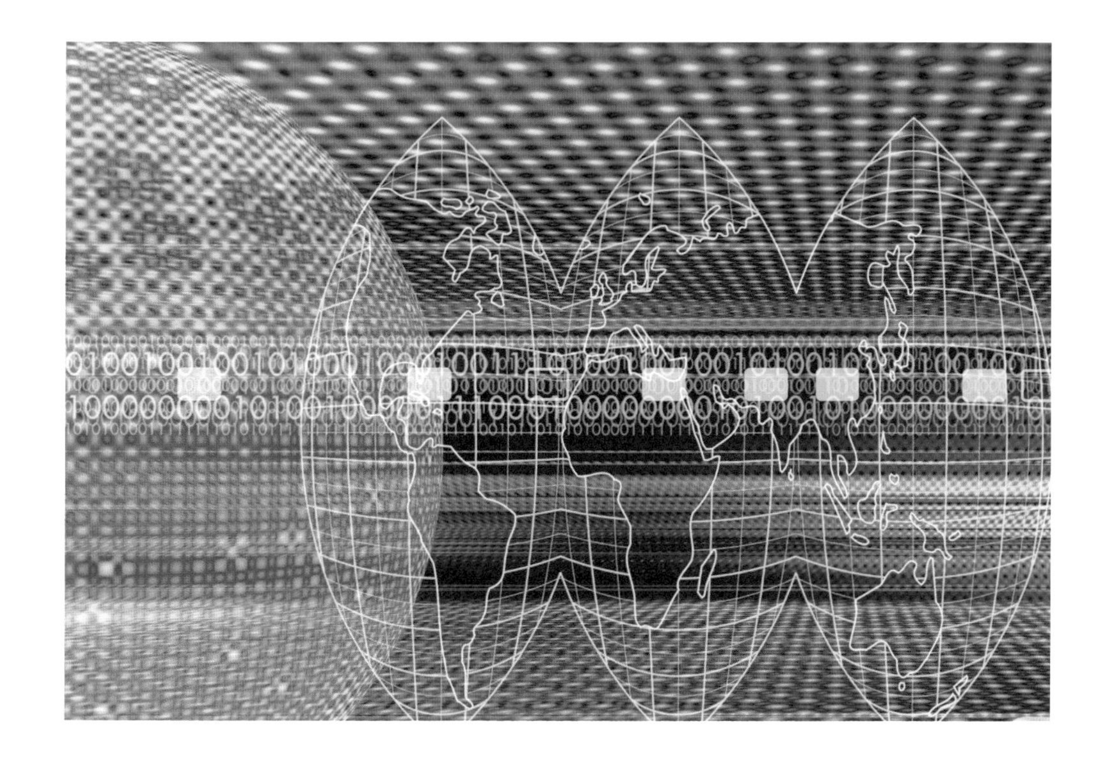

가들이 PGP 소프트웨어로 암호화된 것은 무엇이든 해독할 수 있다는 것은 확실하다. 하지만 짧은 2진수 키를 사용하는 PGP 소프트웨어가 매우 긴 키를 사용해 암호화된 메시지를 복호화할 수 있는지는 확실치 않다. 미국 정부는 1996년 1월 이 사건의 기소를 취하하였는데, 법무장관은 그 이유에 대한 언급을 회피했다.

위 PGP와 SSL은 전 세계의 모든 데이터를 대상으로 인터넷 보안과 이메일 보안을 제공한다.

암호는 여러분이 '보안' 웹사이트를 방문할 때도 사용된다. 이 웹사이트들은 여러분의 검색창에 나타나는 작은 자물쇠 기호나 http 대신 https로 시작하는 주소로 식별할 수 있다. 이런 사이트들은 전송계층 보안(Transport Layer Security, TLS)과 그 이전 버전인 보안소켓계층(Secure Sockets Layer, SSL)이라는 기술을 사용한다. 실제로, TLS과 SSL은 앞서 설명한 공개키 암호를 사용하여 사용자와 컴퓨터 간의 연결을 보호한다. 예를 들어, 은행 계좌 정보를 해킹하려는 암호 해독가의 경우, 같은 암호화 방법을 사용하여 전송된 메시지를 해독하는 암호 해독가들과 같은 난관에 직면하게 된다.

소설 속 코드

53++!305))6*;4826)4+.)4+);806*;48!8`60))85;
]8*:+*8!83(88)5*!;46(;88*96*?;8)*+(;
85);5*!2:*+9;4956*2(5*–4)8`8*;4069285);)6
!8)4++;1(+9;48081;8:8+1;48!85;4)485!52880
6*81(+9;48;(88;4(+?34;48)4+;161;:188;+?;

위 에드거 앨런 포의 단편소설 「황금 곤충」에 나오는 코드 메시지.
맞은편 추리소설 『셜록 홈즈』의 작가 아서 코난 도일(Arthur Conan Doyle, 1859–1930).

미국 소설가 에드거 앨런 포는 코드와 사이퍼에 푹 빠져 있었다. 그가 쓴 가장 유명한 소설 중 하나인 「황금 곤충(The Gold-Bug)」의 줄거리도 양피지 조각에서 발견된 암호 메시지를 중심으로 하고 있다.

주인공 중 한 명이 메시지(아래 보이는)를 해독하기 위해 빈도 분석 기법을 사용한다. 메시지는 키드라는 해적이 땅속에 묻은 보물의 위치를 설명하는 것으로 보인다.

> 주교청 악마의 의자에서 좋은 안경 41도 13분 북에서 북동쪽 큰 줄기에서 일곱 번째 가지 동쪽 해골 왼쪽 눈에서 사격 나무에서 직선 바깥쪽으로 50피트

포가 코드를 주제로 글을 쓴 것은 「황금 곤충」만이 아니다. 1839년부터 1841년까지 그는 신문사 〈필라델피아 신문〉, 〈알렉산더스 위클리 메신저〉와 정기 간행물인 〈그레이엄스 매거진〉에 암호를 다룬 많은 글을 썼고, 독자들에게 자기가 풀테니 암호를 보내달라고 요청했다. 다음은 그가 쓴 내용이다:

'이렇게 해봅시다. 누구든 우리에게 암호로 된 편지를 보내주면 즉시 읽을 것을 약속합니다. 아무리 특이하고 제멋대로인 기호를 사용했다 할지라도.'

포는 이 요청을 통해 상당량의 우편물을 받았으며, 자신의 칼럼에 다수의 해답을 공개했으나 그것들을 어떻게 풀었는지 밝힌 적은 없다. 하지만 1843년 발표된 「황금 곤충」의 줄거리가 그에 대한 단서를 제공할지도 모르겠다.

포는 〈그레이엄스 매거진〉의 마지막 기사를 통해, WB 타일러 씨(Mr WB Tyler)가 보냈다며, 독자들에게 두 개의 암호를 풀어보라고 했다. 그러나 이 암호가 풀리는 데는 150년 이상이 걸렸다.

아서 코난 도일(Arthur Conan Doyle)의 『춤추는 인형(Adventure of the Dancing Men)』에서 셜록

홈즈는 같은 시스템을 사용한 암호를 해독해 달라는 의뢰를 받는다. 소설 속, 노포크의 지주는 미국인 아내를 맞이하며, 영국으로 오기 전 그녀가 어떻게 살았는지 묻지 않겠다고 약속한다. 결혼한 지 1년쯤 지나, 지주의 아내는 미국에서 온 편지 한 통을 받는데, 그로 인해 충격을 받은 듯 편지를 불 속으로 던져 버린다. 그로부터 얼마 후 춤추는 막대 인형이 그려진 일련의 메시지들이 저택의 벽과 종이쪽지에서 발견되면서 지주의 아내를 다시 불안하게 만든다. 아내에게 미국에서의 일에 관해 묻지 않겠다고 약속한 지주는 홈즈에게 메시지의 비밀을 풀어줄 것을 의뢰한다. 몇 개의 메시지를 받은 홈즈는 서둘러 노포크로 향하지만, 그가 도착했을 때 지주는 이미 총을 맞아 죽고 그의 아내는 중상을 입은 상태였다.

「황금 곤충」의 레그런드와 마찬가지로, 홈즈는 메시지 해독을 위해 빈도 분석을 한다. 그러나 레그런드와 달리, 홈즈에게는 암호 해독에 사용할 수 있는 몇 개의 메시지가 있고, 단어의 분절을 암시하는 것으로 추정되는 깃발을 사용함으로써 작업은 좀 더 쉬워진다. 메시지가 여러 개라는 점 또한 빈도 분석과 첫 번째 메시지 해독에 사용할 수 있는 충분한 기호를 제공한다. 첫 번째 메시지에는 '에이브 슬레이니가 여기 있다'고 적혀 있다. 홈즈는 에이브 슬레이니라는 미국인이 농장 주변에 머물고 있음을 깨닫고 같은 암호를 사용하여 그에게 메시지를 보낸다. 슬레이니는 지주 아내의 옛 약혼자이자 춤추는 인형 암호를 개발한 갱단의 일원임이 밝혀진다.

홈즈의 또 다른 모험담 『공포의 계곡』에서 다

음과 같은 코드 메시지를 받는다.

534C21312736314172141
DOUGLAS109293537BIRLSTONE
26BIRLSTONE947171

홈즈는 첫째 줄의 C2가 두 번째 열(column)을 의미하고, 534는 특정 책의 페이지 수를 의미한다는 것을 알아낸다. 그렇다면 숫자들은 그 열의 특정 단어를 가리키는 것이 된다. 메시지 발송자는 두 번째 메시지에서 책의 이름을 알려줄 생각이었다가 마음을 바꾼다. 그러나 홈즈는 메시지의 키로 사용된 그 책이 휘태커 연감(Whitaker's Almanac)이라는 것을 알아내고 메시지를 해독하기에 이른다:

곧 위험이 닥칠지 모른다. 더글러스 부자 시골

현재 벌스톤 장원에 거주 벌스톤 비밀이 벌어지고 있다.

닐 스티븐슨(Neal Stephenson)의 소설 『크립토노미콘』은 암호 해독과 관련하여 사실과 허구가 뒤섞인 내용을 담고 있다. 소설의 줄거리는 제2차 세계대전 당시 연합군의 2702함대를 중심으로 한다. 이들의 임무는 추축국(독일, 일본, 이탈리아)의 코드를 해독하는 것이다. 함대의 구성원은 가상의 암호 분석가인 로렌스 워터하우스와 몰핀에 중독된 해병 바비 샤프토, 그리고 실존했던 암호 분석가 앨런 튜링을 포함한다.

켄 폴릿(Ken Follett)의 소설 『레베카의 열쇠』는 실화를 바탕으로 하고 있다. 다음은 폴릿의 설명이다. '1942년 카이로의 주거용 보트를 근거지로 하는 스파이 조직이 있었다. 조직원 중에는 영국인 소령과 그의 연인인 벨리 댄서도 있다. 결정적인 정보들이 사막에서 계속되는 전투의 승패를 결정했다.' 소설의 암호 시스템은 1회용 암호표(4장에서 언급)를 이용하여 메시지를 암호화한다. '영국군의 새벽 공습(The British attack at dawn)'이라는 메시지를 암호화한다고 가정해 보자. 여러분은 메시지 암호화 키로 수신자가 알고 있는 또 하나의 텍스트를 선택한다. 예를 들어 '일만 하고 놀지 않으면 바보가 된다(All work and no play makes Jack a dull boy)'를 키로 고를 수 있다. 그리고 아래와 같이, 두 메시지 아래 각 문자의 알파벳 순서를 적고 나서 두 수를 더한다. 합계가 26보다 크면 합계에서 26을 뺀다. 결과로 나온 숫자를 해당 문자로 다시 변환한다(아래 참조).

그 결과 암호화된 메시지는 Utqxgaetve-hiqolzgelag가 된다. 수신자는 사용된 키를 알고 있으며 이 과정을 역으로 반복함으로써 메시지를 해독할 수 있다. 만일의 경우, 메시지가 유출되더라도 도청자는 해독에 필요한 키를 알아야 한다. 폴릿의 소설에서 키는 대프니 듀 모리에(Daphne du Maurier)의 유명한 소설 『레베카』에 나오는 텍스트였다.

소설가 댄 브라운(Dan Brown)은 암호에 관심이 많았다. 그의 소설 『디지털 포트리스』는 국가안보국(NSA), 어떤 암호든 풀 수 있는 가상의 컴퓨터 트랜슬레이터, 그리고 트랜슬레이터가 해독하지 못하는 암호에 직면했을 때 벌어지는 사건을 중심

평문의 알파벳 순서	T	h	e	B	r	i	t	s	h	a	t	t	a	c	k	a	t	d	a	w	n
	20	8	5	2	18	9	20	19	8	1	20	20	1	3	11	1	20	4	1	22	14
키의 알파벳 순서	A	l	l	w	o	r	k	a	n	d	n	o	p	l	a	y	m	a	k	e	s
	1	12	12	22	15	18	11	1	14	4	14	15	16	12	1	25	13	1	11	5	19
합계(26보다 크면 26보다 작게)	21	20	17	24	7	1	5	20	22	5	8	9	17	15	12	26	7	5	12	1	7
암호화된 문자	U	t	q	x	g	a	e	t	v	e	h	i	q	o	l	z	g	e	l	a	g

으로 이야기가 전개된다.

소설은 암호문을 공개하는 대신, 평문과 변형 문자열이 교대로 나오는 암호기법만을 암시하고 있어, 암호 분석 전문가의 입장에서 보면 세부 내용이 아쉬울 수밖에 없다. 다만, 책의 면지에 흥미로운 문제가 실려 있기는 하다. 다음과 같은 일련의 숫자들이다.

128-10-93-85-10-128-98-112-6-6-25-126-39-1-68-78

이 문제를 풀려면, 숫자를 세로 방향으로 하여 4×4 행렬로 나열해야 한다.

128	10	6	39
10	128	6	1
93	98	25	68
85	112	126	78

이 숫자들은 책 속의 장(총 128장)을 의미한다. 해당하는 장의 첫 번째 문자로 각 숫자를 대신하면 '우리는 당신을 지켜보고 있다(We are watching you)'라는 메시지가 나온다.

암호 해독은 브라운의 또 다른 소설, 『다빈치 코드』(2003)의 핵심 소재이기도 하다. 소설 속에서 하버드의 기호학자 랭던은 레오나르도 다 빈치의 작품과 관련된 일련의 암호를 해독한다. 그는 파리 루브르 박물관 큐레이터의 시신 옆에서 피로 쓰인 세 줄짜리 메시지를 발견한다:

위 레오나르도 다 빈치의 모나리자. 댄 브라운의 『다빈치 코드』에 나오는 단서 중 하나다.

13-3-2-21-1-1-8-5

오, 드라콘의 악마여!

오, 절름발이 성인이여!

랭던과 프랑스인 크립토그래퍼, 소피 느뵈는 두 번째 줄과 세 번째 줄이 각각 '레오나르도 다 빈치'와 '모나리자'의 애너그램이라는 것을 알아낸다. 모나리자에 펜으로 휘갈긴 메시지—자외선으로만 볼 수 있는—는 큐레이터가 살해된 원인을 찾으려는 그들을 세계 곳곳으로 이끈다. 그리고 첫 번째 줄의 숫자열은 피보나치 수열임과 동시에 스위스 은행 계좌의 접속 코드라는 것이 드러난다.

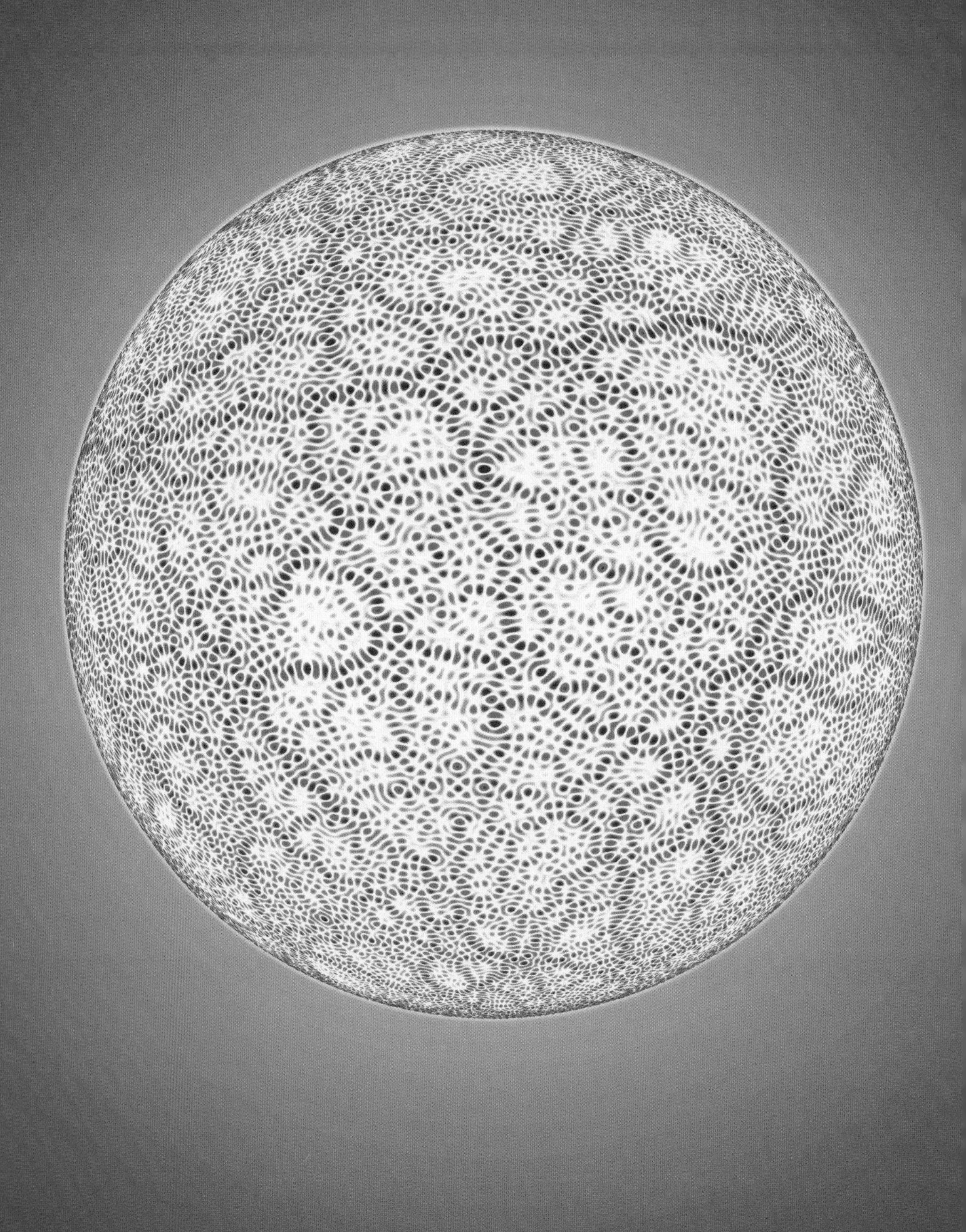

제6장

비전

양자 암호는 해독 불가능하다고 한다.
그 말은 암호 해독가의 말로를 의미하는 것일까?
암호는 이제 양자물리학과 카오스 이론의 영역으로 이동한다.

1979년 10월 어느 화창한 오후, 캐나다의 젊은 컴퓨터 과학자 질 브라사르(Gilles Brassard)가 푸에르토리코 해안에서 수영을 즐기고 있을 때였다. 낯선 사람이 헤엄쳐 오더니 그에게 양자물리학에 관한 이야기를 시작했다.

'내 경력을 통틀어 그때가 가장 기이하면서도 마법 같은 순간이었다'고 브라사르는 말한다. 머지않아 드러난 그 낯선 이의 정체는 뉴욕에서 온 과학자, 찰스 베넷(Charles Bennett)이었다. 그도 브라사르와 같은 이유로 푸에르토리코에 와 있었다. 전기전자기술자협회(Institute of Electrical and Electronics Engineers) 회의 참석을 위해서였다. 그리고 물속에서의 만남은 우연이 아니었다. 베넷이 브라사르에게 말을 건 이유는 두 사람 모두 암호화 기술에 관심이 있었기 때문이었다. 몇 시간 만에 두 사람은 획기적인 새 아이디어에 관한 논의를 시작했고, 그렇게 암호학의 본질을 영원히 바꾸어 놓은 협업이 시작되었다.

베넷과 브라사르가 제시한 개념은 곧 양자 암호화에 관한 최초의 과학 논문으로 발표되었다. 해독이 불가능할 수밖에 없는 완전히 새로운 종류의 암호였다.

길고 고난했던 코드와 사이퍼의 역사에서 발명된 다른 모든 유형

맞은편 컴퓨터 모형이 불규칙 파동을 생성하며 구 표면에 겹쳐진 양자 파동의 경로를 보여주고 있다. (양자 카오스의 예)

위 양자 파동 패턴.

의 암호는 —손이 많이 가는 1회용 암호표는 아마도 제외하고— 암호 해독가들의 기술에 취약했다. 그러나 양자 암호의 경우는 달랐다. 양자 암호의 완벽한 보안은 다름 아닌 물리학 법칙을 기반으로 하고 있다.

양자 역학

양자 역학이라고도 불리는 양자물리학은 세계가 작동하는 방식을 설명하기에 대단히 효과적인 프레임워크다. 미시 세계에서 일어나는 것을 다루는 물리학 분야로, 아원자 입자 상호 작용의 정확한 수학적 모형을 얻을 수 있는 유일한 방법이기도 하다. 거의 1세기에 달하는 반복적인 실험은 그것이 맞다는 것을 증명할 뿐이었다.

그럼에도 불구하고, 양자 역학의 세부 내용이 조금 이상하다는 것은 부인할 수 없다. 간단한 예로, 많이 알려진 양자물리학 실험 중 하나에서 빛의 입자(광자)가 동시에 두 군데에 있을 수 있음이 입증되었다.

(154~155쪽 참조)

이론은 확실성이 아니라 개연성을 다루기 때문에 받아들이기 어려울 수도 있다. 알베트 아인슈타인도 이론의 추정에 내재된 불확실성에 대해 심각한 의구심을 가졌다. '양자 역학이 인상적인 것은 분명하지만, 아직은 그것이 실제가 아니라고 생각하네.' 아인슈타인은 1926년 동료 물리학자인 막스 보른(Max Born)에게 보내는 편지에 이렇게 썼다.

물리학자인 브라이언 콕스(Brian Cox)는 양자 역학을 이해하기 너무나 어려운 이유가 양자 역학이 우주의 존재 방식에 대해 서슴없이 던지는 근본적인 질문 때문이라고 생각한다. '양자 역학의 출발선에서부터 상식에 대한 도전에 직면한다'고 콕스는 말한다. '어려운 문제에 직면했을 때 그것에 대해 깊이 생각할 필요는 없다. 대다수 이론의 경우 "왜"라는 질문이 드러나지 않지만, 양자 역학의 경우에는 좀 더 깊이 있는 문제(평행 우주와 같이)를 다룰 수밖에 없다. 너무 생소하기 때문이다.'

찻잔 속의 컴퓨터

지난 수십 년간, 과학자들은 양자 역학의 그러한 반직관적인 측면이 좀 더 강력한 컴퓨터를 만드는 데 엄청난 영향을 미칠 수 있음을 깨달았다. 하나의 의미 있는 사건이 1985년에 발생했다. 브라사르와 베넷이 양자 컴퓨팅(양자 컴퓨터를 이용한 계산)에 관한 논문을 발표하고 1년이 지난 시점이었다. 그해, 옥스퍼드대학교의 뛰어난 과학자, 데이비드 도이치(David Deutsch)가 처음으로 보편적인 양자 컴퓨터에 대해 묘사했다.

도이치가 자신의 저서 『현실의 구조(The Fabric of Reality)』에서 구상한 컴퓨터는 일반 컴퓨터처럼 고전 물리학 수준에서 작동하는 것이 아니었다. 대신 그가 묘사한 컴퓨터는 아주 작은 양자 수준에서 작동했다. 도이치는 양자 컴퓨터를 특유의 양자 역학적 현상을 사용하여 기존 컴퓨터로는 이론상으로도 불가능한 유형의 계산을 수행하는 기계라고 설명했다. '따라서 양자 계산은 물질계를 동력화한 그야말로 대단히 새로운 방식'이라고 하였다.

컴퓨터와 가장 관련 있는 양자 역학의 요소 일부는 중첩(superposi-

고양이의 귀환

위 '슈뢰딩거의 고양이' 사고(思考) 실험에서 고양이는 살아 있는(황갈색) 상태와 죽은(회색) 상태 둘 다로 나타난다.

1935년, 오스트리아의 뛰어난 물리학자이자 노벨상 수상자인 에르빈 슈뢰딩거가 논문을 발표했다. 양자 중첩의 개념을 설명할 때 자주 인용되는 가설 실험에 대해 설명하는 것이었다. 논문에서 그는 '상자 안에 든 고양이'를 상상해보라고 한다. 상자 안에는 한 시간 안에 붕괴할 확률이 50/50인 원자와 방사선 검출기, 독가스가 든 유리병도 있다. 원자가 붕괴하면 방사선 검출기가 독가스를 방출하는 스위치를 작동시켜 고양이는 죽는다.

분명한 것은, 실험자가 한 시간 후 상자의 뚜껑을 열었을 때, 원자가 그대로 있든지 붕괴했든지 둘 중 하나일 것이고, 고양이는 살았든지 죽었든지 둘 중 하나일 것이다. 그러나 양자 중첩에 따르면, 뚜껑을 열기 전까지 고양이는 동시에 두 가지 상태로 존재한다. 죽은 상태이기도 하고 살아 있는 상태이기도 하다. (슈뢰딩거가 '죽은' 동시에 '살아 있는' 고양이가 실제로 존재한다고 믿는 것은 아니다. 그보다는 양자 역학이, 적어도 이 경우에는, 불완전하고 현실을 반영하지 못한다는 것이 그의 생각이었다.) 그러나 중첩의 개념은 단순한 공상이 아니다. 실제로 현실계의 많은 현상을 설명할 수 있는 유일한 방법이다. 컴퓨터의 경우, 그 영향이 엄청나다.

tion)이라는 개념과 관계가 있다. 이는 모든 양자 요소가 동시에 여러 가지 상태로 있을 수 있음을 의미한다. 그리고 누군가 그것을 관찰할 때만 어느 하나가 된다.

양자 중첩 현상은 양자 컴퓨터가 상상할 수 없을 정도의 능력을 가질 수 있음을 의미한다. 일반 컴퓨터에서 정보의 기본 단위(비트)는 1 또는 0으로 존재하지만, 양자 역학이 개입하는 미시 세계에서 '양자 비트'는 기존의 0과 1 상태를 동시에 가질 수 있다.

이것은 하나의 양자 비트(큐비트[qubit])로 하는 컴퓨터 연산이 동시에 두 값 모두에서 수행된다는 것을 의미한다. 예를 들어, 큐비트는 두 가지 상태(0 또는 1) 중 하나의 전자(electron)로 표시될 수도 있다. 그러나 일반적인 비트와 달리, 큐비트는 양자 중첩 현상으로 인해 0인 동시에 1도 될 수 있다.

위 에르빈 슈뢰딩거(Erwin Schrödinger, 1887-1901), 오스트리아의 물리학자이자 노벨상 수상자로 맞은편에서 설명한 '슈뢰딩거의 고양이' 사고 실험을 고안하였다.

실제로 양자 컴퓨터는 큐비트 연산을 수행하면서 두 개의 다른 값에 대한 연산을 동시에 수행해왔다. 그러므로 두 개의 큐비트를 가진 시스템은 네 개의 값에 대한 연산을 수행할 수 있을 것이다. 이런 식으로 큐비트를 추가함에 따라 계산 기능은 기하급수적으로 증가한다.

큐비트의 또 다른 기이한 속성은 '얽힘'이다. 두 개 이상의 큐비트가 얽혀 있으면 서로 얼마나 멀리 떨어져 있든 상관없이 불가분의 관계로 연결된다. 이 무시무시한 결합이 의미하는 바는 여러분이 두 개의 큐비트 중 하나의 상태를 측정하면 나머지 하나의 상태가 즉시 고정된다는 것이다. 큐비트는 조작이 가능하므로 하나가 1로 측정되면 나머지는 0이 된다.

양자 컴퓨터의 성능이 크게 증가함에 따라 각국의 정부는 양자 컴퓨터가 정보 보안에 커다란 위협이 된다는 것을 깨달았다. 데이비드 도이치가 양자 컴퓨터에 관한 논문을 발표한 이래 수십 년 동안, 전 세계에서 빠른 속도로 연구가 이루어지고 있지만, 실용 단계의 양자 컴퓨터는 아직 현실화되지 못하고 있다.

그러나, 양자 컴퓨터 구축에 필요한 많은 단계가 성취되었다. 2008년 최초의 큐비트 스토리지가 실현되었고, 그다음 해에는 최초의 양자 프로세서(2큐비트)가 등장했다. 2011년에는 D-Wave라는 회사가 상용 가능한 최초의 양자 컴퓨터를 생산했다고 주장했다. 좀 더 최근 들어서는 인텔이 양자 프로세서를 시장에 출시했으며, IBM은 2019년 Q System One 양자 컴퓨터를 공개했다.

쇼어 알고리즘

대규모 양자 컴퓨터 구축의 어려움에도 불구하고, 연구자들은 양자 컴퓨터 프로그램 방법을 상상하기 시작했다. 흥미로운 점은, 최초의 응용 프로그램 두 개가 암호 분석과 관련 있다는 것이다.

첫 번째 프로그램은 1994년, 뉴저지에 위치한 벨 연구소의 피터 쇼어(Peter Shor)가 양자 기계를 사용하여 RSA와 같은 시스템을 어떻게 해독하는지 보여주는 과정에서 나왔다. RSA는 널리 사용되는 암호화 알고리즘으로 일반 컴퓨터가 매우 큰 수를 '인수분해'하느라 고전한다는 사실에서 RSA만의 보안성을 확보한다(173쪽 참조).

추산에 의하면, 25 자릿수를 가진 수를 인수분해하는 데 지구상의 모든 컴퓨터로 몇 세기가 걸려야 끝이 난다고 한다. 그런데 피터 쇼어가 발명한 양자 기술을 사용하면 단 몇 분이면 된다.

쇼어 알고리즘으로 불리는 이 기술은 매우 간단하며, 완벽한 양자 컴퓨터 구축에 필요한 하드웨어 유형도 필요 없다. 데이비드 도이치가 지적한 대로, 쇼어 알고리즘으로 인해 전용량(full-capacity) 양자 컴퓨터가 나오기 훨씬 전에 양자 인수분해 엔진이 구축될 가능성도 있다. 2년 후, 같은 벨 연구소의 로브 그로버(Lov Grover)가 긴 목록을 눈 깜짝할 새에 탐색할 수 있는 또 하나의 양자 컴퓨팅 알고리즘에 대해 설명하였는데, 이 역시 암호 분석가들에게는 대단히 흥미로운 응용 프로그램이다.

그러나 이러한 진전에도 불구하고, 연구자들은 양자 컴퓨팅 이론을 완전한 실물로 만드는 데 고전해왔다. 당면한 최대의 난제 중 하나는 오류 수정이다. 기존의 컴퓨터에서는 시스템에 중복성(redundancy)을 구축하는 것으로 오류를 배제할 수 있었다. 몇 개의 비트 복사본을 가지고 있거나 다수의 견해를 따르는 것이다. 반면, 양자 컴퓨터 제작자들은 불가복사성 법칙(no-cloning theorem) 때문에 중복성을 구축하지 못한다. 임의적이고 불분명한 양자 상태의 복사본을 만들 수 없다는 의미다.

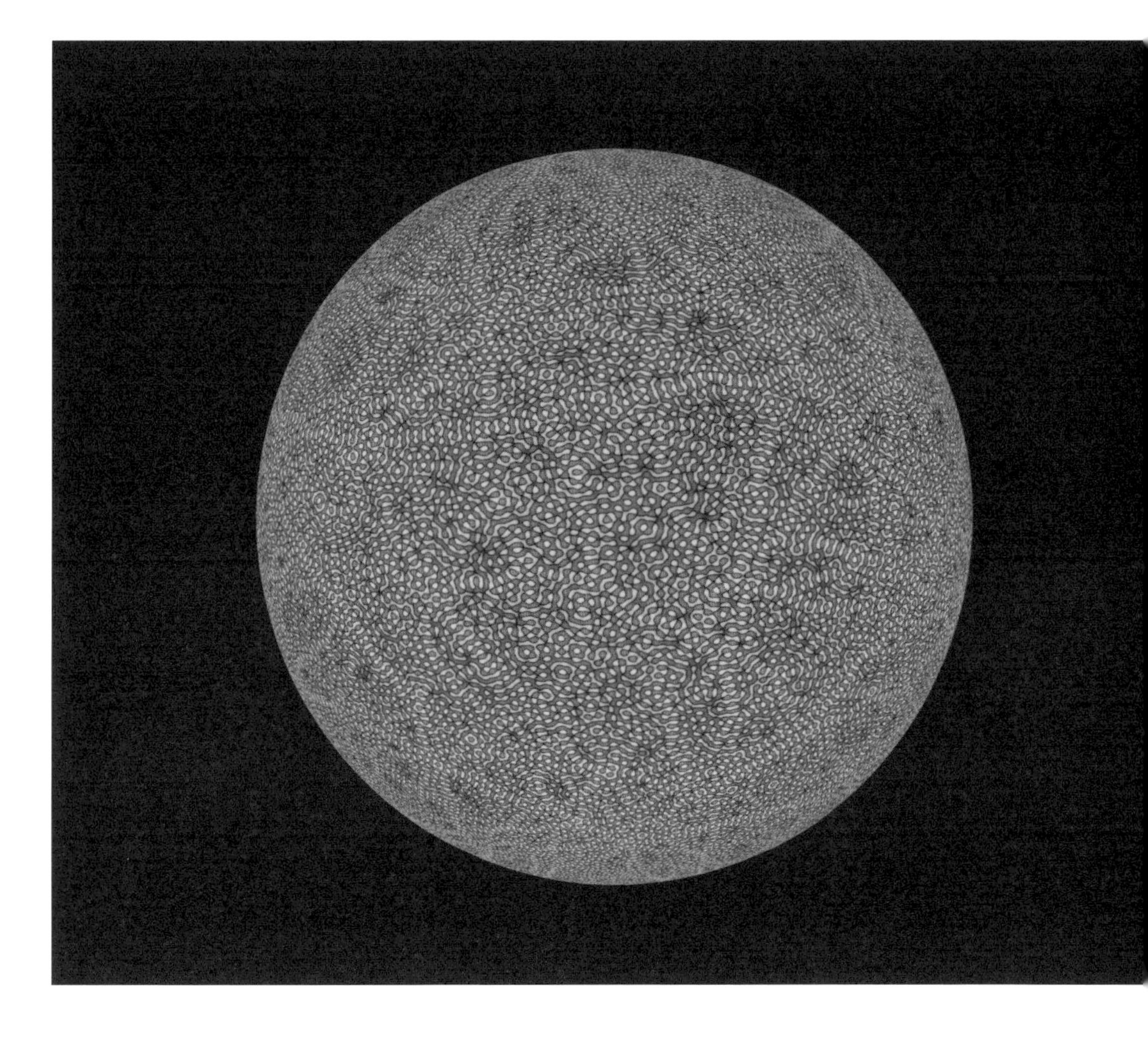

양자 암호

양자 컴퓨터를 실제로 구현하는 일은 쉽지 않을뿐더러, 여전히 통신 보안에 잠재적인 위협으로 여겨지기도 한다. 다행히, 연구자들과 공학자들은 물리학 법칙의 완벽한 보호 아래 암호 키 분배에 사용할 수 있는 자체적인 양자 기술을 개발하는 데 성공했다. 일부 양자 키 분배 시스템은 전자기파가 공간을 이동할 때 서로 다른 각도로 진동한다는 사실에 의존한다. 과학자들이 전자기파의 '편광'이라고 부르는 속성이다.

일반 광원의 빛은 무작위로 편광된다. 그러나 광선을 폴라로이드로

위 파동처럼 움직이는 입자의 움직임을 시뮬레이션하는 컴퓨터 모형. 양자 이론에 의하면, 입자가 움직이면서 많은 '파열'이 발생하는데, 이 파열이 서로 충돌하면서 양자 카오스의 한 사례인 무작위 양자 파동을 생성한다.

양자 암호 - 동시에 두 장소에 존재하기

1803년 겨울 런던, 토마스 영(Thomas Young)이라는 30세의 잉글랜드 물리학자가 세계적으로 저명한 과학자들 앞에서 실험을 수행했다. 빛이 파동의 성질을 가졌다는 것을 증명함으로써 물질계의 본질에 대한 과학자들의 견해에 도전하는 실험이었다.

영은 비상한 두뇌의 소유자였다. 19세에 의학을 공부하기 시작하여 4년 후 물리학 박사 학위를 취득했다. 1801년 영국 왕립 과학연구소의 물리학 교수로 임명되었으며, 2년 동안 91차례의 강의를 하였다.

하지만 1803년 11월 그날, 그가 마주한 도전은 보통 어려운 것이 아니었다. 아이작 뉴턴(Isaac Newton)조차도 빛은 작은 총알처럼 생긴 입자로 만들어졌다고 믿은 것을 감안하면 말이다.

자신의 논점을 증명하기 위해, 영은 조수에게 거울을 가지고 밖으로 나가 실험이 진행되는 방의 창문 앞에 서 있을 것을 지시했다. 작은 구멍이 뚫린 덧문이 창문을 덮고 있어, 조수가 정확한 각도로 거울을 움직이면, 얇은 빛줄기가 어두운 방 안으로 들어와 맞은편 벽에 부딪혔다.

다음으로 영은 얇은 카드 한 장을 들고 빛줄기가 중간에서 잘리도록 가로막았다. 그러자, 창문을 통해 들어오는 빛이 맞은편 벽에 빛과 그림자로 된 줄무늬 패턴을 만들었다.

'편견이 가장 심한 사람들조차 부인하지 못할 것입니다.' 영은 청중들에게 말했다. '줄무늬(관측되는)가 빛의 간섭을 통해 만들어졌다는 것을요.' 다시 말해, '줄무늬' 패턴은 빛의 파동이 카드로 단절된 후 재결합하면서 서로 간섭하여 생겨난 것이다. 파도가 다시 만나 봉우리와 너울을 만드는 것과 마찬가지다. 밝은 부분은 광파의 두 '봉우리'가 동시에 벽에 닿으면서 발생한 것인데 반해, 어두운 부분은 봉우리와 골이 함께 발생한 데서 기인한다.

영은 이후, 두 개의 슬릿(가늘고 긴 틈)을 낸 스크린에 가는 빛줄기를 쏘아서 같은 현상을 보여주었다. 이 실험은 오늘날 '이중 슬릿 실험'으로 불린다.

오늘날, 과학자들은 빛이 일종의 이중인격을 가지고 있음을 안다. 상황에 따라, 파동처럼 행동하기도 하고 입자처럼 행동하기도 한다. 그런 의미에서, 영의 실험 결과를 빛의 입자(광자)가 슬릿을 통과한 후 상호 작용하는 것으로 생각할 수 있다.

현대 과학기술 덕분에, 과학자들은 아주 희미해서 한 번에 하나의 광자만 방출하는 광원을 사용하여 영의 실험을 재연할 수 있다. 그러나 이 실험에서 과학자들은 흥미로운 결과를 관찰하게 된다. 예를 들어, 한 연구자가 시간당 하나의 광자를 스크린으로 보내는 광원을 이용하여 영의 이중 슬릿 실험을 하고 있다면, 그는 정확히 같은 패턴의 '간섭' 현상이 서서히 나타나는 것을 보게 된다. 절대로 두 개의 광자가 상호 작용을 했을 리가 없는 데도 말이다. 원인을 알 수 없는 이 결과는 기존의 물리학 법칙으로는 설명할 수 없지만, 양자물리학에

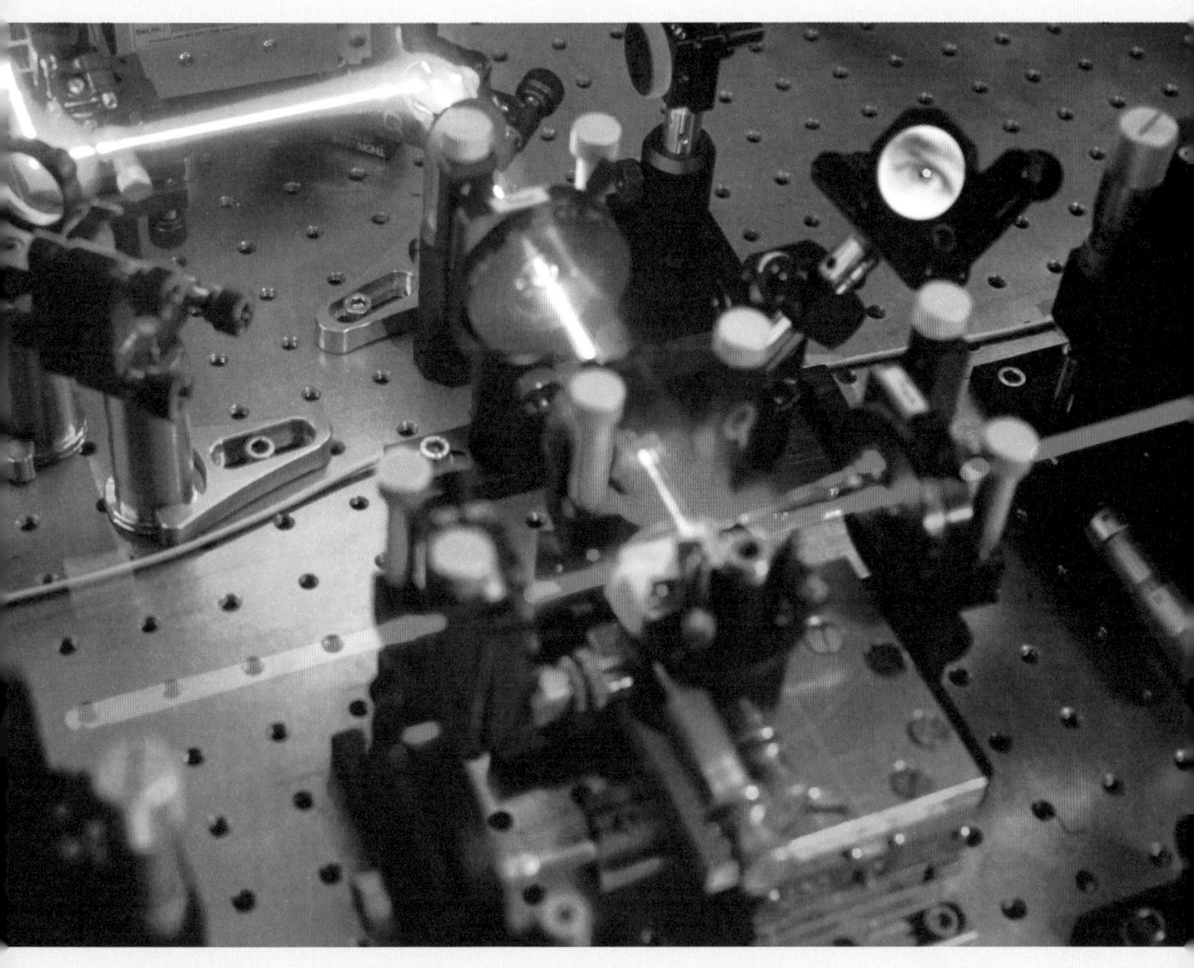

위 양자 암호 장비.

서는 두 가지 설명이 가능하다.

첫 번째 설명은 광자가 동시에 두 개의 슬릿을 통과한 후 자체적으로 간섭한다는 것이다. 이것은 중첩의 개념과 관련이 있다.

다음으로, 일부 과학자들이 중첩과 관련하여 제시하는 '다세계' 해석이 있다. 이 해석에 의하면, 한 개의 광자가 두 개의 슬릿이 있는 스크린에 도달하면 광자는 두 슬릿 중 하나만을 통과하지만, 이후 평행 우주에 존재하는 또 하나의 '유령' 광자와 상호 작용하여 나머지 하나의 슬릿을 통과한다.

어느 쪽이든, 양자 중첩의 개념은 양자 컴퓨터와 밀접한 관계를 가진다. 양자 컴퓨터의 구성 요소들은 동시에 여러 가지 상태로 있을 수 있고, 양자 컴퓨터는 동시에 그 모든 상태에 작동할 수 있기 때문에, 결과적으로는 수많은 연산을 동시에 수행할 수 있다.

알려진 특수 필터에 통과시키면, 필터의 맞은 편으로 나오는 빛을 같은 방향으로(즉, 일직선으로) 편광시킬 수 있다. 그리고 이것을 암호화 분야에 활용할 수 있다.

암호화를 목적으로, 빛은 두 가지 방식으로 편광될 수 있다. 첫 번째 방식은 광자의 진동을 수직이나 수평으로 편광시켜 직선 편광으로 불린다. 두 번째 방식은 광자가 왼쪽 위에서 오른쪽 아래로 또는 오른쪽 위에서 왼쪽 아래로, 대각선으로 진동하게 만든다.

이처럼 다른 두 개의 옵션을 사용하여 일련의 큐비트가 0인지 1인지 나타낼 수 있다. 가령, 직선 편광에서 수평 편광(-)은 0을 나타내고 수직 편광(|)은 1을 나타낸다. 반면, 대각선 편광에서 왼쪽 대각선 편광(\)은 0을, 오른쪽 대각선 편광(/)은 1을 나타낸다.

이 방법이 비밀 메시지 전송에 좋은 이유는 도청자가 각 광자의 편광을 정확하게 측정하려면 송신자가 사용한 방식이 무엇인지 사전에 알아야 하기 때문이다. 만약 특정 광자가 직선으로 편광되었다면 직선 검파기만이 광자가 1인지 0인지 정확히 말해줄 것이다. 만약 잘못하여 대각선 검파기를 사용할 경우, 광자가 \ 와 / 중에서 무엇인지 잘못 해석하게 되어 아무런 진전이 생기지 않는다.

문제는, 단순히 이 방법으로 메시지를 전송하기만 하면 수신자 역시 정확히 도청자와 같은 상황에 놓이게 된다는 것이다. 수신자가 광자 스트림을 정확하게 해석하려면 각 광자에 사용된 편광 방식이 무엇인지를 미리 알아야 한다. 이 정보가 없으면 메시지는 무용지물이다.

이 문제를 해결하기 위해, 브라사르와 베넷은 광자 스트림이 메시지는 나타내지 않고 키만 나타내는 시스템을 개발했다. 이 시스템의 장점은 누군가 통신을 도청하려고 할 경우, 광자의 편광 방식을 잘못 측정하면 앨리스가 밥에게 편광 방식의 정확한 순서를 알려주기 전에 밥이 겪었던 것과 같은 종류의 오류가 발생한다는 것이다(앨리스와 밥은 암호학에서 자주 등장하는 가상의 이름으로, 앨리스는 통신 과정의 송신자를, 밥은 수신자를 나타낸다-역주).

양자 키 분배는 두 입자의 속성이 서로 의지하는 '얽힘' 현상을 이

코드 분석

편광

편광이 작동하는 방식은 다음과 같다. 암호 메시지를 보내고 싶은 앨리스가 1과 0을 나타내는 광자를 연속으로 보낸다. 이 일련의 광자는 앨리스가 직선과 대각선 프로세스를 이용하여 무작위로 편광한 것이다.

앨리스가 6개의 광자를 연속으로 보냈다고 가정해 보자.

앨리스의 비트 순서	1	0	0	1	1	0
편광 순서	X	+	X	+	+	X
전송된 광자	/	-	\	I	I	\

X= 대각선, += 직선

다음 단계는 메시지 수신자인 밥이 자신에게 온 광자의 편광을 측정하는 것이다. 이를 위해, 밥은 직선 및 대각선 편광 검파기를 무작위로 교체한다. 이 말은 밥의 선택이 앨리스와 같을 때도 있고, 다를 때도 있을 것이란 의미다.

앨리스의 비트 순서	1	0	0	1	1	0
밥이 추측한 편광	X	X	+	+	X	X
밥의 측정	/	\	-	I	/	\

보다시피, 무작위로 선택한 검파기를 통해 밥은 세 개의 광자를 맞혔다. 첫 번째와 네 번째, 여섯 번째다. 문제는 이 중에 무엇이 맞았는지 밥이 모른다는 것이다. 이 문제를 해결하려면, 앨리스가 밥에게 전화를 걸어 -비트는 밝히지 않고 자신이 각 광자에 사용한 편광 방식이 무엇인지 말해주기만 하면 된다. 누군가가 이 통화 내용을 들어도 상관없다. 앨리스가 자신이 보낸 비트는 밝히지 않고 사용한 편광 방식만 말해주기 때문이다. 따라서 밥은 자신이 첫 번째, 네 번째, 여섯 번째를 맞혔다는 것을 확실히 알 수 있다. 이런 식으로, 밥과 앨리스는 비트에 대해 직접 언급하지 않고도 어떤 비트였는지를 알게 된다. 이제 앨리스와 밥은 이 세 개의 광자를(현실에서는 더 많은 광자가 사용될 것이다) 물리학 법칙에 의해 보안이 보장되는 암호 키로 사용하면 된다.

용할 수도 있다. 이런 유형의 시스템에서 —영국인 물리학자 아르투르 애커트(Artur Ekert)의 발명품인— 앨리스와 밥은 서로 얽혀 있는 광자의 쌍을 키의 기초로 활용한다.

전 세계 여러 국가들이 이 시스템의 상용 버전을 개발하고 있다. 여기에는 미국 방위고등연구계획국(DARPA)과 같은 정부 기구들도 포함되어 있다. DARPA는 연구소 밖에서 지속적으로 운영되며 미국 북동부의 현장들을 연결하고 있는 최초의 양자 암호 네트워크와 유럽의 '양자 암호 기반의 안전한 통신(SECOQC)' 프로젝트에 자금을 지원했다.

도시바의 양자정보그룹(Quantum Information Group) 리더인 앤드류스 쉴즈(Andrews Shields) 박사는 양자 시스템이 제공하는 궁극의 보안성에 관해 설명하며, '암호 군비 경쟁의 종말이 올 수도 있다'고 말한다. "물리학 법칙이 성립하는 한, 양자 암호는 전적으로 안전하기 때문이다."

초기에는 거리가 양자 암호 시스템의 현실적인 제약으로 작용했다. 광섬유관을 통한 장거리 사진 전송과 관련된 물리적인 문제 때문이었다. 하지만 시간이 흐르면서 거리가 늘어났다. 양자 키가 분배된 가장 긴 거리는 421km(262마일)로 알려져 있다.

현재는 상업용 양자 키 분배 시스템을 판매하는 회사들이 있고, 그 밖에도 많은 회사들이 이 분야를 활발하게 연구하고 있다. 그리고 다수의 양자 키 분배 네트워크가 미국, 중국, 일본 등지에 구축되었다.

양자의 취약성

물리학 법칙이 양자 채널을 통해 분배되는 키의 보안을 보장할 수는 있다. 그러나 암호는 데이터 보안 유지에 있어 싸움의 일부일 뿐이다.

다시 말해, 양자 암호는 소프트웨어나 하드웨어의 취약성으로부터, 또는 통신 시스템을 늘 위태롭게 하는 인간의 약점으로부터 시스템을 보호하지 못할 것이다. 예를 들어, 조직 내부에서 발생하는 불법 행위는 막기가 어렵다. 또 비밀 데이터가 몽땅 저장된 메모리스틱을 택시 뒷자리에 놓고 내린다면 양자 역학이 다 무슨 소용이있겠는가.

비슷한 맥락에서, 실제 양자 암호 시스템은 비-양자적인 부분도 포함해야 하고 일반적인 방법으로도 보호되어야 한다. 도청자가 앨리스와 밥 사이의 광섬유에 접근하여 방해 신호를 보내는 것으로 두 사람이 사용하는 암호 시스템의 일부를 통제하거나 훼손할 수도 있다.

2005년 초, 저널리스트 개리 스틱스(Gary Stix)가 잡지 《사이언티픽 아메리칸(Scientific American)》에 기고한 대로, 양자 암호는 이례적인 공격에 취약할 수도 있다. '도청자가 수신자의 검파기를 방해하여 송신자로부터 받은 큐비트가 광섬유로 다시 유입되면 큐비트가 유출될 수 있다'는 것이다.

과학기술이 발전함에 따라, 양자 암호 시스템에 대한 공격 가능성도 높아졌다. 2010년, 노르웨이 과학자들은 양자 암호 시스템의 기술적인 약점을 이용하여 앨리스가 보낸 신호를 가로챈 다음 밝은 빛의 파동을 이용하여 밥에게 신호를 보냈다. 도청자는 밥에게 양자 신호가 아닌 종래의 신호를 보냈기 때문에, 이브(도청자)와 밥의 해석은 일치했다. 2018년 또 다른 연구에서, 중국의 연구원들이 신호를 가로챈 다음 가짜 신호를 재송신하는 양자 중간자 공격(man-in-the-middle attack)을 개시함으로써 양자 키 분배 시스템에 침입할 수 있음을 보여주었다. 이론상 깰 수 없는 것과 실제로 깰 수 없는 것은 매우 다르다는 것이 입증된 셈이다.

나비 날갯짓의 비밀

양자 암호(Quantum cryptography)는 크립토그래퍼와 암호 분석가 사이의 오랜 전쟁에 종말을 가져올 수도 있고 가져오지 않을 수도 있지만, 그 사이에도 비밀을 창출하는 새롭고 이색적인 수단이 계속해서 발명되고 있다. 그중 하나는 '나비 효과'로 알려진 카오스 이론의 한 가지 속성을 보안 유지에 이용하는 것이다. 나비 효과라는 이름은 1972년 과학자 에드워드 로렌츠(Edward Lorenz)가 '예측가능성: 브라질에서 나비 한 마리가 날갯짓을 하면 텍사스에 토네이도가 일어날까?'라는 제목의 강연을 하면서 나왔다.

로렌츠는 기상 패턴과 같은 복잡한 시스템의 시작 조건에서 생기는

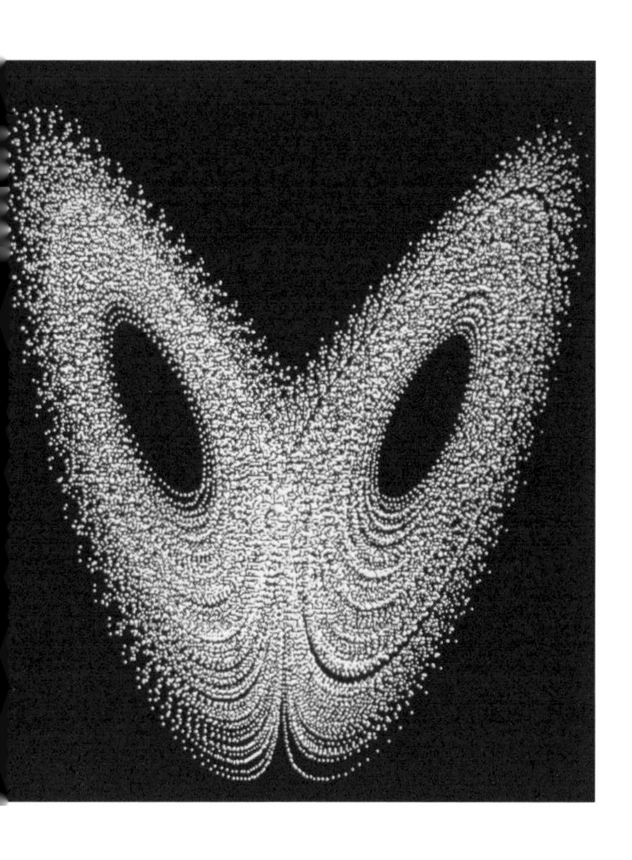

작은 변화가 장기적으로는 커다란 변화를 만들 수 있다는 사실을 설명하고 있었다. 이러한 변화는 —나비 날갯짓이 만드는 바람과 같이— 미세한 부분에 국한되기 때문에 대체로 예측이 불가능하다. 그러한 작은 변화의 영향이 무작위로 보일 수도 있겠지만, 그렇게 보이는 것은 오해다. 기후, 태양계, 경제와 같은 카오스 시스템은 패턴을 가지고 있으며, 풍속이나 기온처럼 하나의 시스템에서 서로 다른 요소들은 상호 의존적으로 작용한다.

이 개념이 1990년대 처음 제시된 이래, 과학자들은 카오스 이론을 적용하여 통신 보안성을 향상시킬 수 있는 방법을 연구해 왔다. 기본 개념은 메시지를 무질서한 마스킹 신호 안에 묻어 이 무질서를 뚫을 수 없는 사람은 메시지에 접근하지 못하도록 하는 것이다.

위 로렌츠 어트랙터. 카오스 수학으로 제작한 3차원 그래프.

무질서한 배경 소음에 묻힌 메시지를 추출하는 방법은 메시지를 보낸 송신기와 딱 맞는 수신기를 갖는 것이다. 2005년《네이처(Nature)》논문에서 벨기에 브뤼셀 자유대학교의 앨런 쇼어(Alan Shore)를 비롯한 연구자들은 이 원리를 두 개의 레이저(하나는 송신기, 다른 하나는 수신기 역할)에 사용할 수 있는 통신 시스템을 제안했다.

정상적인 상황에서 레이저가 생성하는 빛은 절대로 무질서할 수 없지만, 연구자들은 빛을 레이저 자체에 다시 공급함으로써 확성기에서 나오는 하울링처럼 서로 다른 주파수가 뒤죽박죽 섞인 카오스 상태를 만들었다.

메시지가 이 빛의 혼돈 상태에 추가되고 나면, 정확히 같은 방식으로 설치된 똑같은 레이저에 메시지를 입력하여 동일한 피드백 패턴을 얻기 전까지는 이해할 수 없다. 동일한 피드백 패턴을 만들기 위해서는 같은 장비와 같은 구성품을 가지고 동시에 레이저를 만들어야 한다.

이렇게 해야 하는 이유를 우리는 나비 효과의 측면에서 생각할 수 있다. 두 개의 레이저로 생성된 무질서한 빛이 정확히 같아지려면, 정확히 같은 시작점을 가진 두 개의 시스템에서 발생되어야 한다. 이 경우, 전송에서 무질서한 소음을 제거하면 메시지가 드러날 것이다.

쇼어와 그의 동료들은《네이처》논문에서 이런 종류의 시스템이 그리스, 아테네 주변의 120km(75마일) 광섬유 케이블을 통해 안전한 메시지를 보낼 수 있으며, 그로 인해 전화 메시지 보안 강화에 사용될 가능성이 높아졌음을 처음으로 입증했다. 그뿐 아니라, 통신 회사에 유용한 범위 안에서 이 시스템으로 성취할 수 있는 전송률도 매우 높다. 이러한 성과는 또한 과학기술이 현실 상황에 맞설 수 있음을 보여 준다.

무질서한 반송파 신호(carrier signal)에 뒤섞여 전송된 메시지를 해독하기 위해, 도청자는 무질서한 빛에서 메시지를 빼낼 수 있는 수단과 메시지 생성에 사용되는 것과 정확히 들어맞는 레이저를 가지고 있어야 한다.

이른바 카오스 암호 개발은 그 사실이 알려지면서 속도는 느려졌으나, 이미지 또는 이미지 기반의 스테가노그래피를 암호화하여 디지털 이미지 안에 메시지를 숨기는 것은 어느 정도 성공했다.

AES(고급 암호화 표준)와 같은 표준 온라인 암호 시스템을 사용하여 인터넷 상에서 이미지를 안전하게 전송하는 것은 어렵다. 요구되는 컴퓨터 성능이 있기 때문이다. 카오스 기반의 암호는 픽셀을 역방향으로 이동시키는 방법을 사용한다.

그러나 카오스 암호 기반의 안전한 암호화 기술이라는 초기의 희망은 아직 현실화되지 못했다.

초콜릿볼 속의 양자 암호

양자 암호 이면의 개념들이 복잡해 보일 수 있다. 이와 관련해 오스트리아의 물리학자, 카를 스포칠(Karl Svozil)이 양자 암호 시스템의 작동 방식을 보여주는 무대극을 고안했다. 배우와 두 개의 색안경—빨간색과 초록색—, 포일로 싼 초콜릿볼 한 그릇이 필요하다. 스포칠의 첫 무대극은 2005년 10월 비엔나공과대학에서 열렸다. 무대 위에 앨리스(메시지 송신자)와 밥(수신자) 역할을 한 두 배우와 검은 포일로 싼 초콜릿 한 그릇이 있었다.

각각의 초콜릿에는 두 개의 스티커가 붙어 있었다. 수평 편광된 광자를 의미하는 0과 수직 편광된 광자를 의미하는 1 가운데 하나가 적힌 빨간색 스티커와 오른쪽 대각선으로 편광된 광자를 의미하는 0과 왼쪽 대각선으로 편광된 광자를 의미하는 1 가운데 하나가 적인 초록색 스티커였다. 공연이 시작되자, 앨리스는 어느 안경을 쓸지 결정하기 위해 동전을 던졌다. 앨리스가 초록색 안경을 쓰게 되었다고 가정하자. 이 안경은 앨리스가 광자를 보내기 위해 사용하는 편광 방식을 나타낸다. 앨리스는 그릇에서 초콜릿볼 하나를 무작위로 집었다. 각 초콜릿에는 초록색과 빨간색, 두 개의 스티커가 붙어 있음을 기억하자. 초록색 안경은 앨리스가 초록색 스티커에 쓰인 숫자는 보지 못하고 빨간색 스티커에 쓰인 숫자만 볼 수 있음을 의미했다. 그녀는 자신이 썼던 색안경과 초콜릿에 적혀 있던 숫자를 칠판에 적었다. 그리고 관객 한 명이 광자 역할을 맡아 초콜릿볼을 밥에게 전달했다.

다음으로, 밥이 안경을 고르기 위해 동전을 던졌다. 밥은 빨간색 안경을 쓰게 되었다고 가정해 보자. 그는 초콜릿볼을 확인하고, 자신이 본 숫자와 썼던 안경을 적었다. 밥이 앨리스와 같은 색의 안경을 썼다면 역시 같은 숫자를 보았을 것이다.

초콜릿을 전달받은 밥은 자신이 썼던 안경이 무슨 색인지 알려주기 위해 빨간색 또는 초록색 깃발을 사용했다. 앨리스 역시 깃발로 자신이 쓴 안경의 색을 알려주었다. 어느 시점에서도 그들은 초콜릿볼에 쓰인 숫자가 무엇이었는지 이야기하지 않았다. 두 사람은 서로의 깃발 색이 일치하면 숫자를 기록하고, 일치하지 않으면 기록하지 않았다.

밥은 앨리스와 같은 색의 안경을 썼을 때만 자신의 숫자를 기록했기 때문에, 전체 과정을 몇 차례 반복한 후 두 사람은 0과 1을 같은 순서로 기록했다. 두 사람은 도청자가 엿듣지는 않았는지, 무슨 문제는 없었는지, 자신들이 수많은 암호 응용 프로그램에 사용할 수 있는 보안이 완벽한 랜덤키를 가졌는지 확인하기 위해 몇 개의 숫자만 비교했다.

무대극은 비전문가들을 대상으로 성공했다. 중요한 것은, 관객들이 양자 암호 이면의 물리학은 생소해도, 그 과정 자체는 초콜릿볼 만큼이나 쉽게 소화된다는 것을 배웠다는 점이다.

위 밥은 초록색 안경을 골랐으므로 빨간색 스티커만 볼 수 있다. 그는 깃발로 자신의 안경이 초록색임을 앨리스에게 알린다. 앨리스는 빨간색 안경을 골랐기 때문에 초록색 스티커만 볼 수 있다. 그녀는 자신의 안경이 빨간색임을 깃발로 표시한다. 두 사람은 다른 색안경을 골랐기 때문에 자신들의 숫자를 기록하지 않는다. 깃발(과 안경)의 색이 일치할 때 숫자를 기록한다.

BITCOIN • DIGITAL • DECENTRALIZED • PEER TO PEER
1 TROY OZ 999 FINE COPPER
MJB MONETARY METALS

제7장

현실주의

디지털 시대에는 감시와 프라이버시 간 갈등으로
암호가 그 어느 때보다 더 중요하다.
비트코인·SHA(안전한 해시 알고리즘)·에드워드 스노든.

현대 세계에서 암호와 암호 해독은 어떤 역할을 할까? 말 그대로 수십억의 세계 시민이 매달 페이스북을 이용하는 상황에서 프라이버시란 대체 무엇을 의미하는 걸까? 기업들이 목표한 광고를 전달하기 위해 온라인에서 우리의 움직임을 추적하고, 거리 구석구석에 설치된 수억 개의 CCTV가 매일 우리의 움직임을 관찰하는 판국에 말이다. 어쩌면 우리는 메시지뿐 아니라 우리 자신을 보호하기 위해서라도 현실을 직시해야 한다. 현실 세계와 가상 세계 둘 다에서 말이다.

엘리자베스 여왕의 첩보기관 수장이 400년도 더 전에 편지를 가로채는 것만으로 정적을 감시할 수 있었다면, 여러분의 핸드폰 위치 정보, 검색 기록, 쇼핑 습관 등으로 무엇을 수집할 수 있을지 한번 상상해 보라. 과연 암호화할 비밀이 남아 있기는 할까 의문이 들 것이다.

썬 마이크로시스템즈(Sun Microsystems)의 CEO 스콧 맥닐리(Scott McNealy)가 1999년 기업 행사에서 제기한 질문도 바로 그것이었다. '당신에게 프라이버시란 없습니다.' 그가 리포터에게 말했다. '그냥 포기하세요.'

프라이버시를 지키기 어렵다는 맥닐리의 판단에 대부분 동의하지만, 그 사실을 그저 받아들여야 한다는 그의 제안에는 반대하는 이들이 많다. 실제로 암호와 암호 해독가들 사이의 싸움은 21세기에 가장 큰

맞은편 가상 화폐 비트코인을 표현한 미술품.

위 헝가리 부다페스트의 '핵티비티(Hacktivity)' 컨퍼런스에서 연설 중인 브루스 슈나이어.

발전을 이룬 빛빛 분야의 중심에 있었다.

그 싸움을 지켜본 가장 걸출한 관찰자 중 한 명이 미국인 암호전문가 브루스 슈나이어(Bruce Schneier)다. 무성한 회색 턱수염에 포니테일, 꽃무늬 셔츠를 즐겨 입어 슈나이어를 중년의 로커라 착각할 수도 있다. 하지만 그는 인터넷 시대의 정보 보안이라는 주제에 있어 가장 설득력 있는 의사 소통자 중 한 명이다.

IBM 시큐리티(IBM Security)의 특별 고문이자 하버드대학교 케네디 스쿨의 특별 연구원인 슈나이어는 현시대를 '감시의 황금기'로 묘사한다.

우리는 그 어느 때보다 강화된 기업과 정부의 감시 아래 있다. 개인 맞춤형 광고 전략으로 돈을 벌기 위해 기업은 우리의 데이터를 끝없이 갈망하고, 테러리스트와 범죄자, 마약 딜러 등으로부터 우리를 보호한다는 정당화 아래 정부 역시 우리의 데이터를 계속해서 감시한다고 슈나이어는 말한다.

그러나 감시의 대가는 크다. 슈나이어는 차별이 발생할 위험, 통제, 표현의 자유에 대한 냉각 효과, 자유의 남용과 상실이 그 대가에 포함된다고 말한다.

이런 맥락에서, 암호는 자유 보호를 위해 꼭 필요한 수단으로 볼 수 있다. '간단히 말해, 암호가 여러분을 안전하게 지킨다.' 슈나이어가 2016년 한 기사에서 한 말이다. 암호는 우리의 은행 정보, 전화 통화, 데이터 보안을 지킬 뿐 아니라 반체제 인사들의 신원을 숨겨주고 저널리스트들이 취재원과 안전하게 소통할 수 있게 해주며, 억압적인 국가에서 NGO의 업무를 보호하고, 변호사와 의뢰인 사이의 프라이버시를 지켜준다.

다행히 우리는 누구나 강력하고 사실상 해독이 불가능한 암호화 기술을 사용할 수 있다. 그 기술을 사용할 수 있을 정도로만 똑똑하면 말이다. 예컨대, 지난 10년 동안 우리는 메시지 앱에 의존하게 되었다.

페이스북이 2008년 시작한 챗(Chat) 기능은 이후 메신저 형태로 바뀌었고 현재 13억 이상의 이용자를 보유하고 있다. 2009년 출시되어 현재는 페이스북이 소유한 왓츠앱(WhatsApp)은 이용자가 그보다도 많다.

왓츠앱은 2016년 발표를 통해, 왓츠앱이 이른바 '종단 간 암호화'(end-to-end encryption, E2EE)를 실행하고 있으므로 '여러분과 여러분이 대화하는 사람 외에는 그 누구도, 심지어 왓츠앱도 두 사람 사이의 메시지를 읽을 수 없다'고 보증했다.

왓츠앱의 암호는 타원 곡선 암호를 기반으로 한다. 이 암호는 공개키 시스템이지만 다른 많은 프로그램에서 사용하는 소인수분해와는 다른 수학 문제를 사용한다. 타원 곡선의 대수 구조(algebraic structure)를 기반으로 한다.

애플의 아이메시지(iMessage)와 스냅챗(Snapchat) 역시 종단 간 암호화를 제공하고 있으며 페이스북과 인스타그램도 같은 암호화를 적용하겠다고 약속했다.

이와 같은 메시지 앱의 사용이 만연해지자, 전 영국 총리인 데이비드 캐머런(David Cameron)을 포함한 많은 정치인들은 테러리스트와 범죄자들이 사용하고 있으니 종단 간 암호화를 금지해야 한다고 주장했다.

인터넷 장악

테러리즘과 불법 행위에 대한 우려는 메시지 앱의 종단 간 암호화를 금지하라는 요구 이상의 것을 촉구해 왔다.

2013년 5월 말, 미국 중앙정보국(CIA) 요원으로 있던 컴퓨터 기술자 에드워드 스노든이라는 청년이 대량의 기밀 정보를 유출했다. 정보는 주로 오늘날의 보안 분야에서 암호와 암호를 회피하거나 해독하려는 시도들이 어떤 역할을 하고 있는지 보여주는 것이었다.

사이버 공간이 우리의 삶과 국가 인프라에서 중요한 부분을 차지할수록 그 공간은 전쟁터가 되었다. 이 전쟁터에서 보안 업체들은 막대한 자본을 온라인 정보 수집에 쏟아부었고, 공격적인 사이버 캠페인을 수행할 역량을 개발해왔다. 그러나 이 업체들이 시민을 보호하기 위해 사용해

리틀 브라더

21세기에 계속되고 있는 감시와 암호 사이의 전쟁에 대해 좀 더 생각해보고 싶은 사람은 『리틀 브라더』와 탐색을 계속할 것을 권한다. 작가이자 디지털 권리 전도사인 코리 닥터로(Cory Doctorow)의 소설 『리틀 브라더(Little Brother)』는 2005년 7월 런던 테러를 계기로 쓰였다. 당시 열차와 버스에 설치된 폭탄으로 인한 사망자는 52명이었다.

줄거리는 다음과 같다. 마커스 얄로우(Marcus Yallow)는 해커 기술과 후안무치를 겸비한 괴짜 고등학생으로, 자신의 학교생활을 감시하도록 설계된 교묘한 감시 시스템을 피해 다닌다. 테러리스트들이 샌프란시스코를 공격하자 마커스와 친구들은 사건에 휘말리게 되고, 이후 등장하는 경찰국가에 맞서기 위해 기술적인 재능과 담력이 필요하다는 것을 깨닫는다.

닥터로의 책은 재미있기도 하지만, 어린 독자들이 스스로 사고하고 행동하는 데 활용할 만한 수단과 아이디어를 소개하기도 한다. 가령, 마커스와 친구들이 몰래 학교를 빠져나가 혼합 현실(현실+가상) 보물찾기를 하는 장면에서, 닥터로는 토어(TOR, the onion route) 브라우저와 같은 개념들을 끼워 넣는다. 토어는 일련의 라우터를 통해 암호화된 인터넷 트래픽을 관리하는 시스템으로, 감시자들에게 사용자의 위치와 사용법이 드러나지 않게 해준다.

나중에 마커스와 친구들이 국토안보부와 대접전을 벌일 때쯤이면, 독자들은 다수의 주요 개념 중에서도 소인수분해를 기반으로 하는 크립토그래피, 에니그마 암호, 공개키 암호의 기본 원리에 대해 알게 된다.

어느 시점에서 마커스가 이끄는 아이들은 자신들이 사용하는 통신의 프라이버시를 강화해야 한다는 것을 깨닫고 WOT(web of trust, 온라인 평판 및 인터넷 보안 서비스)를 설치하기로 한다. 이런 유형의 시스템에서, 개인은 두 개의 암호키를 가지는데, 바로 조직이 공유하는 공개키와 개인이 소유하는 개인키다. 각자의 개인키는 공개키로 암호화한 정보를 복호화하는 데 사용된다.

WOT는 기본적으로 다른 이들의 공개키를 알고 있는 개인들로 구성된 조직이다. 사용자들끼리 서로 메시지를 보내고 싶으면 수신자의 공개키로 정보를 암호화하는데, 이 정보는 수신자의 개인키로만 복호화할 수 있다.

메시지를 보내는 사용자 역시 자신의 개인키로 메시지에 전자 서명한다. 그렇게 하면, 수신자가 사용자의 공개키에 대해 자신의 개인키를 인증할 때, 그것이 실제 보내기로 한 사람에게서 온 것이 맞는지 확인할 수 있다.

마커스가 이 책에서 설명하듯 WOT는 '당신이 믿는 사람들과는 소통할 수 있지만 다른 사

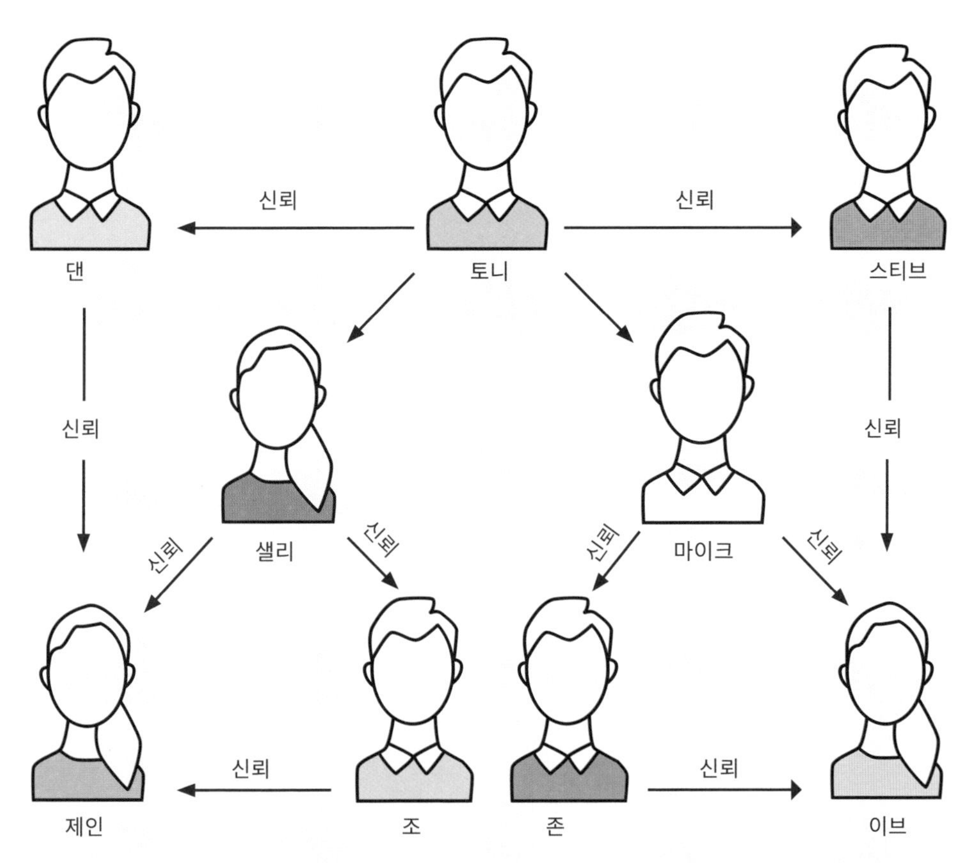

위 이 WOT 모형에서, 토니는 제인, 조, 존, 이브를 직접적으로는 알지 못하지만, 그들의 키를 절대적으로 신뢰할 수 있다. 이 모형은 분산형 보안 모형을 구축하기 위한 암호에 사용되며, 모형 안에서 참가자들은 동료 이용자들의 신원을 보증하고 자신들의 키가 신뢰할 만하다는 것을 증명한다.

람들은 절대 엿들을 수 없게 하는 확실한 방법' 이다. 유일한 문제는 '시작하기 위해 적어도 한 번은 웹상의 사람들을 대면해야 한다'는 것이다.

마커스와 친구들이 선택한 해결책은 믿을 수 있는 막역한 친구들과 바닷가 파티를 여는 것이었고, 맥주와 밤바다의 조합은 바위 위에 부서진 수제 노트북과 풋풋한 로맨스를 남긴다. 『리틀 브라더』가 많은 상과 독자들의 지지를 받고, 흥미진진한 소설이 될 수 있었던 이유는 바로 이런 장면 덕분이다.

위 2013년 정부의 감시에 항의하는 시위대가 워싱턴 D.C.에서 에드워드 스노든을 지지하는 플래카드를 들고 있다.

온 기술들이 다른 한편으로는 일반인들의 사생활을 근본적으로 침해하고 있는 건 아닌지 논란과 불안을 일으키고 있다.

스노든이 유출한 문서는 미국 국가안보국(NSA)과 호주, 캐나다, 영국 정보기관의 감시 활동에 대한 많은 것을 폭로했다. 예를 들어, 영국 정부통신본부(GCHQ)가 인터넷 통신을 감시하는 대규모 프로젝트에 관여되었다는 사실이 문서를 통해 드러났다. '템포라(Tempora)'라고 불리는 이 프로젝트는 영국 남서부 콘월에 있는 GCHQ 센터를 통해 인터넷 트래픽을 운반하는 케이블에 도청기를 설치하는 '마스터링 인터넷'(Mastering the Internet, 인터넷 장악, MTI)이라는 프로그램을 포함하고 있었다. 2014년 BBC 호라이즌(Horizon) 프로그램은 전 세계 인터넷 트래픽의 25%가 콘월을 통과한다고 추정했다.

GCHQ의 계획이 폭로되자 다음과 같은 성명이 발표되었다.

> 우리의 가장 큰 과제 중 하나는 인터넷 기반 통신과 음성 인터넷 통신의 성장에 직면하여 우리의 역량을 유지하는 것이다. 우리는 영국과 영국의 이익을 위협하는 자들이 사용하는 방식과 경쟁하기 위해 끊임없이 재투자를 해야 한다. 블레츨리 파크에 있던 우리의 전임자들이 최초의 컴퓨터 사용에 정통했던 것처럼, 오늘날 우리도 업계와의 협력을 통해 여러 위협으로부터 한 걸음 더 앞서 나갈 수 있게 할 인터넷 기술에 정통해야 한다. 이것이 마스터링 인터넷(MTI)의 본질이다.

MTI에 대해 드러난 몇 가지 세부 사항을 보면, 메시지 자체의 내용보다는 메타데이터—메시지를 보낸 사람과 시기 등에 관한 정보—에 초점을 맞추고 있다. 메시지의 암호를 풀 수 없다면 대신 사용자 네트워크에 관한 정보가 쓸모 있을 것이라고 가정한 것이다.

다른 유출 문서를 보아도 미국과 영국의 보안 기관들이 암호를 해독하기 위해 노력했음을 알 수 있다. 스노든 문서를 다룬 초기 기사에서, 저널리스트 글렌 그린월드(Glenn Greenwald)와 동료들은 영국과 미국의 정보기관들이 '개인 데이터, 온라인 거래, 이메일 개인 정보의 보호를 위해 수억 명의 사람들이 의존하는 온라인 암호의 상당 부분을 해독하는 데 성공했다'고 말한다.

언론인들은 보안 기관들이 온라인에서 통용되는 암호 유형과의 전쟁에 사용하는 '일련의 방법들'을 언급했다. 예를 들면, 슈퍼컴퓨터로 무작위 대입 공격을 하여 암호를 해독하거나, 기술회사나 인터넷 서비스 공급업체와의 협력을 통해 보안 기관들이 상업용 암호 소프트웨어에 '백도어(back doors)'를 설치하여 몰래 접근할 수 있도록 하는 기술 등이다.

슈나이어가 자신의 책 『데이터와 골리앗(Data and Goliath)』에서 쓴 것처럼, '인터넷 암호를 무력화하는 NSA의 불런(BULLRUN) 프로그램과 GCHQ의 에지힐(EDGEHILL) 프로그램은 일반적인 인터넷 보안의 상당 부분을 무력화하는 데 성공했다.' 미국과 잉글랜드의 내전(남북전쟁과 청교도 혁명)에서 이름을 딴 이 두 프로그램은 스노든이 폭로한 NSA 문건 내용의 일부로 〈가디언〉을 통해 공개되었다. 이 시스템들은 대단히 민감한 정보의 다수 출처(가로챈 전자 장치에 심은 버그와 같이), 업계와의 관계, 고급 수학을 포함한 것으로 알려졌다.

대중이 이런 활동에 대해 자세히 모르는 것은 당연하다. 그럼에도 불구하고 그 얼마간의 폭로가 야기한 논쟁과 동요는 상당했다. 최소한 이 일을 계기로 지금의 디지털 시대에 어떻게 중앙 집중 암호화가 계속되고 있는지, 그리고 일반 시민에게 정보를 제공하고 우리가 자신의 데이터 프라이버시(data privacy)에 주의를 기울이는 것이 얼마나 중요한지 다시 한 번 입증되었다.

비트코인과 그 밖의 암호화폐

2008년 가을, 사토시 나카모토(Satoshi Nakamoto)로 알려진 수수께끼의 인물이 암호학 역사에 처음 등장했다. 당시 그의 이름이 담긴 문서가 온라인 암호 메일링 리스트에 나타난 것이다. 문서는 '비트코인'이라 불리는 새로운 종류의 화폐를 설명하고 있었는데, 그 화폐가 글로벌 현상을 촉발했다고 해도 과언은 아닐 것이다.

나카모토는 정확히 누구였을까? 설은 무성했지만, 확실히 아는 사람은 없었다(182쪽 참조). 여하튼, 문서의 목적은 간명했다. 비트코인이 새로운 온라인 상거래 시스템으로 설계되었으며, 앞으로 은행은 필요가 없다는 것이었다. 이 새로운 시스템으로 사람들은 전자 결제 처리를 금융기관에 의존하지 않고, 중개인의 도움 없이 서로 직거래할 수 있었다.

비트코인 시스템의 암호화 기술 핵심은 '해싱(hashing)'으로 불리는 프로그래밍으로, 어떤 크기의 데이터든 일정한 크기의 데이터로 변환해주는 일종의 함수다. 이름에서 알 수 있듯, 해싱은 사용자로 하여금 인풋 데이터를 혼합하여 아웃풋을 도출할 수 있게 한다. 다진 고기, 감자, 향신

암호 해독가들이 큰 수를 인수분해하기 위해 사용하는 복잡한 수학

왓츠앱 같은 메시지 서비스가 사용하는 타원 곡선 암호는 최대 25 자릿수의 수를 인수분해하는 데 사용된다. 수학에서는 타원 곡선을 다음과 같은 방정식으로 나타낼 수 있다.

$$y^2 = x^3 + ax + b$$

약수는 이 곡선 위의 점들과 수학의 군론을 이용하여 찾을 수 있다. 이차 체(quadratic sieve)와 수 체(number field sieve)로 불리는 두 개의 방법은 50 자릿수 이상의 수에 사용된다. 이차 체 알고리즘은 이른바 제곱의 합동(congruence of square), 즉 다음의 방정식을 만족시키는 두 수, x와 y를 구하는 것으로 작동한다.

$$x^2 = y^2 \bmod n$$

mod$n$은 우리가 계수 n을 가지고 모듈러 연산을 하고 있음을 의미한다. 다시 말해, 우리가 모듈러(나눗셈의 나머지) 12 연산을 하고 있다면, 그리고 x는 12이고 y는 24라면, 이 방정식은 성립될 것이다.

이 방정식을 다음과 같이 다시 쓸 수 있다.

$$x^2 - y^2 = 0 \bmod n$$

대수학을 이용하여, 우리는 이 방정식의 왼쪽을 다른 형태로 다시 쓸 수 있다.

$$(x=y) \times (x-y) = 0 \bmod n$$

(믿을 수 없다면, $x= 3$, $y= 2$로 시도해보라. $x^2 = 9$, $y^2 = 4$이므로 $x^2 - y^2 = 5$이다. 따라서, $(x+y) = 5$이고 $(x-y)= 1$이므로 이 두 수를 곱하면 다시 5가 된다.)

다시 쓴 방정식이 의미하는 것은 x와 y의 값으로 가능한 것 중에, 계수 n을 이용한 모듈러 연산에서 곱하면 0이 나오는 $(x+y)$와 $(x-y)$의 값이 있을 수 있다는 것이다. 다시 말해, 곱하면 n이 나오는 두 개의 수가 있을 수 있다. 이를 또 달리 표현하면 $(x+y)$와 $(x-y)$는 n의 약수이다. —우리가 풀고 있는 문제와 정확히 일치한다. n=35, x=6, y=1을 사용하여 간단한 예를 들어보겠다:

$$x^2 = 36$$
$$y^2 = 1$$
$$x^2 - y^2 = 35$$

모듈러 35 연산에서, 35는 0mod35로 쓸 수 있기 때문에 우리의 방정식에 맞는다. 다음으로 우리는 $x+y$를 계산하여 7을 얻고 $x-y$를 계산하여 5를 얻는다. 이 두 수는 사실 35의 약수로 두 수를 곱해 보면 확인할 수 있다.

따라서 우리가 인수분해할 수로 n을 선택한다면, 이 방법을 통해 가능한 약수들을 찾을 수 있다. 앞의 간단한 예보다 다소 오랜 시간이 걸리기는 하겠지만 말이다. 암호학에 관심 있는 수학자들을 전율하게 하는 것은 언젠가는 약수를 훨씬 쉽게 찾는 방법이 나타날 것이라는 가능성이다. 그렇게 된다면, 지금의 암호화 기술 중 많은 수가 쉽게 해독될 테고, 결국엔 폐기될 것이다.

SHA(안전한 해시 알고리즘)

안전한 해시 알고리즘(Secure Hash Algorithm), 즉 SHA는 전자 서명의 생성과 인증에 사용되는 암호화 방식(암호 해시 함수)의 모음이다. SHA는 메시지 암호화보다는 신빙성을 확인하는 데 사용되며, 인터넷 보안 프로토콜 TLS와 SSL에 사용되는 일차적인 보안 표준이다. 흔히 인터넷 패스워드를 확인할 때 사용된다.

SHA 표준은 1993년 처음 도입되었으며 암호 해시 함수의 한 예로, 일정치 않은 길이의 텍스트를 표준 길이의 메시지 다이제스트로 압축하는 특징이 있다.

SHA의 보안은 특정 메시지 다이제스트로부터 그것을 생성한 메시지를 찾는 것 또는 동일한 메시지 다이제스트를 생성(충돌로 표현)하는 두 개의 메시지를 찾는 것이 계산상 불가능하다는 추정에 기반한다. 인풋 텍스트의 작은 변화 또한 다이제스트에 상당한 변화를 만든다.

SHA와 같은 암호 해시 프로그램을 어떻게 사용할 수 있는지 알아보자. 앨리스와 밥은 어떤 사실에 대해 소통하고 싶어한다. 또는 어떤 사실이 일어났음을 증명하기 위해 전자 서명을 하려고 한다. 앨리스는 자신이 답을 풀었던 매우 어려운 수학 문제를 내놓는다. 그리고 그 답을 해시 함수로 변환하여 해시값을 제시한다. 그런 다음 그 수학 문제를 밥에게 보낸다. 밥도 결국엔 문제를 풀고 자신의 답을 해시 함수로 변환한다. 밥의 해시값이 같다면, 그는 앨리스도 그 문제를 풀었으리라 확신할 수 있다.

최초의 SHA 명세(SHA specification)는 1993년 안전 해시(SHA) 표준이라는 이름으로 공개되었지만, 미국 국가안보국(NSA)의 요구에 따라 곧바로 철회되었다. 보안을 약화시키는 설계상의 결함 때문이었다. SHA 표준은 1995년 SHA-1이라는 새로 향상된 표준으로 대체된 다음, SHA-0으로 소급하여 명명되었다.

SHA-1은 160비트 길이의 메시지 다이제스트를 생성한다. 생성 가능한 메시지의 수는 무한대이지만 생성 가능한 메시지 다이제스트의 수는 제한되어 있다. 그리고 같은 다이제스트를 산출하는 두 개의 메시지를 발견할 가능성은 280분의 1이다.

이것은 대단히 낮은 가능성이다. 그러나 2005년 몇몇의 중국인 암호학자들이 무작위 대입 공격보다 훨씬 빨리 SHA-1을 해독할 수 있는 방법을 찾았으며, 그 방법으로 269번의 시도 전에 충돌 가능성을 찾을 수 있었다고 발표했다.

269번도 큰 수이고 실행에 고비용이 들기는 하지만, 그것으로 SHA-1에 종말을 고하기에는 충분했다. 최근에는 더 새로워진 해시 함수 집합들이 SHA-1을 대체해왔다. 그중 SHA-2와 SHA-3은 256비트와 512비트에 적합한 해시 알고리즘을 기반으로 하는 서로 다른 구조의 함수 집합이다.

위 메릴랜드. 포트 조지 미드(Fort George Meade)에 위치한 미국 국가안보국(NSA).

오른쪽 상단 중국, 쓰촨성, 공옥향 근처에 있는 비트코인 광산 내부.

오른쪽 하단 중국의 비트메인(Bitmain Technologies Ltd)이 운영하는 시설에서 수리 중인 비트코인 채굴기. 비트메인은 세계 유수의 비트코인 채굴기 제조업체 중 하나다.

료를 섞어서 맛있는 아침 식사용 해시 브라운을 만드는 것처럼 말이다.

나카모토는 '코인'을 현재의 소유자가 다음 소유자에게 전송할 수 있는 일련의 전자 서명으로 규정했다. 이전 거래의 해시 함수와 다음 소유자의 공개키에 전자 서명을 하고, 이 정보를 코인의 끝에 추가하는 방식을 통해서였다. 거래는 블록체인으로 알려진 원장에 기록되어 많은 컴퓨터로 분산되기 때문에 기록이 소급 변경되는 것을 막는다.

나카모토가 생각한 개념은 채굴자로 불리는 사용자들이 블록체인을 공동으로 관리하는 것이었다. 2013년 온라인 매체인 〈쿼츠(Quartz)〉의 표현대로, 비트코인 채굴자들은 비트코인으로 변하는 '디지털 광석을 찾아 인터넷 동굴을 폭파하는 것이 아니다.' 대신, 비트코인 채굴자들은 특별한 소프트웨어 실행에 컴퓨터 동력을 쏟는다. 이 소프트웨어의 기능은 본질적으로 난이도가 정확하게 알려진 수학 문제의 답을 찾는 것이다. 좀 더 구체적으로, 비트코인 채굴자들은 네트워크의 난이도 목표(정해진 목표값)보다 낮은 결과(해시값)를 생성하기 위해 블록 내용(거래 내역)과 함께 해시 연산할 수 있는 '임시값(nonce)'을 찾아야 한다.

사용자들이 이 답을 찾으면 이를 다른 정보와 함께 하나의 블록으로 묶어 네트워크상의 모든 이에게 알릴 수 있다. 한 사람이 다른 사람에게 비트코인을 보내려고 할 경우, 채굴자들은 송금인이 실제로 돈이 있는지 확인하기 위해 원장을 교차 점검하는 것으로 트랜잭션(transaction, 거래 내역)의 유효성을 검증한다. 이 방식은 '작업 증명(proof of work)'이라고 불린다. 이 작업은 네트워크상의 어떤 컴퓨터로도 쉽게 검증할 수 있지만, 매우 오랜 시간이 걸린다.

실제로 비트코인의 채굴 난이도는 시간이 지날수록 어려워지도록 설계된다. 2,016개의 블록마다 난이도 목표가 증가한다. 새로 생성되는 블록 간의 시간을 블록당 평균 10분으로 일정하게 유지하기 위해서다. 이런 방식으로 비트코인은 네트워크상에서 채굴력의 총량에 자동으로 적응한다.

채굴자들은 새로운 트랜잭션을 증명하고 이 트랜잭션을 원장에 추가하는 데 필요한 계산을 가장 빨리 완수하는 사용자가 되기 위해 경쟁한다. 10분마다 채굴자 중 한 명은 '무에서 생겨난' 비트코인으로 보상

을 받는다. 이 보상은 50비트코인으로 시작했으나 4년마다 그 양은 대략 반으로 줄어든다. 이는 22세기 중반, 최후의 비트코인이 생산되는 날까지 계속될 것이다. 비트코인 발행량이 2,100만 개로 한정되어 있기 때문이다.

2009년 1월이 되자, 나카모토는 비트코인을 흥미로운 이론에서 획기적인 관행으로 변모시켰다. 이를 위해 화폐 운용에 필요한 소프트웨어를 구현하고 최초의 블록에 해당하는 50비트코인을 채굴하였다.

이 '제네시스 블록'에 새겨진 짧은 텍스트는 암호화폐의 근간이 되는 파괴적인 세계관을 암시한다. '두 번째 은행 구제금융을 목전에 둔 재무장관(Chancellor on brink of second bailout for banks)'이라는 2009년 1월 3일자 〈타임스〉 1면 헤드라인을 인용한 텍스트였다. 당시 세계는 2007~2008년 세계 금융 위기의 여파로 여전히 휘청대고 있을 때여서, 텍스트는 단순한 날짜 확정을 넘어 금융 시스템의 실패를 날카롭게 지적하는 것으로 보였다.

비트코인의 철학적 근간에 관한 또 하나의 단서는 1월 12일 나카모토로부터 최초의 비트코인을 전송받은 사람이다. 바로 캘리포니아 출신 컴퓨터 과학자 할 피니(Hal Finney)였다. 그는 2004년 최초로 재사용이 가능한 작업 증명 시스템을 개발하면서 전문가들 사이에서 유명해졌다. 피니는 체제에 저항하는 코드 전문가 집단, 사이퍼펑크(cypher-punk)의 일원이었다. 이들은 암호화 기술을 비롯한 과학기술을 정부의 감시와 기업의 정보 통제에 맞서 개인의 디지털 프라이버시를 보호하는 수단으로 사용할 것을 주장한다.

사이퍼펑크 운동은 에릭 휴즈(Eric Hughes), 티모시 C. 메이(Timothy C May), 존 길모어(John Gilmore)가 조직한 작은 단체와 1990년대 초 샌프란시스코 베이 지역에서 연합했다. 이들과 뜻을 함께하는 사람들도 길모어가 운영하는 실리콘 밸리의 시그너스 솔루션스(Cygnus Solutions)에 모여, 1993년 작가 스티븐 레비(Steven Levy)의 표현대로, '염탐의 도구가 프라이버시의 수단으로 변모하는' 미래에 대해 논의하고는 했다.

이 기술자유의지론자(technolibertarian)들에게 '사이퍼펑크'라는 별명을 붙여준 것은 샌프란시스코 베이 지역 활동가이자 해커이면서 세인트 주드(St Jude)라는 필명으로 유명한 작가, 주드 밀혼(Jude Milhon)이었다. 에릭 휴즈는 1993년 자신이 발표한 선언서를 통해 자신들의 세계관을 다음과 같이 요약했다.

> 전자 시대의 개방사회에서 프라이버시는 필수적이다. (…) 우리는 정부와 기업 또는 얼굴 없는 다른 커다란 조직이 우리에게 프라이버시를 제공하리라 기대할 수 없다. 기대한다면 우리 스스로 자신의 프라이버시를 지켜야 한다. 이에 사이퍼펑크는 코드를 작성한다. 누군가는 프라이버시 보호를 위한 소프트웨어를 만들어야 한다는 것을 알기 때문이다. 그래서(…) 우리가 그것을 하고자 한다.

위 〈타임〉 표지의 줄리언 어산지(Julian Assange). 가장 유명한 사이퍼펑크인 어산지는 위키리크스의 설립자이며 『사이퍼펑크: 인터넷의 자유와 미래』의 저자이기도 하다.

휴즈와 나카모토 같은 사이퍼펑크들은 정부와 기업이 일상적으로 휘두르는 암호라는 무기를 빼앗아 개인을 위해 사용해야 한다고 보았다.

비트코인 이면의 철학이 무엇이든, 현실 세계는 나카모토와 피니의 첫 거래 이후 비트코인이라는 개념에 빠르게 적응했다. 나카모토가 오픈소스 코드를 실행한 다음 해, 프로그래머인 라스즐로 핸예츠(Laszlo Hanyecz)가 최초라고 알려진 비트코인 상거래를 실행에 옮겼다. 피자 두 판에 10,000비트코인을 지불한 것이다.

2010년이 되자, 나카모토는 백만 비트코인 정도를 채굴한 후, 시스템 운영권을 컴퓨터 프로그래머, 개빈 안드레센(Gavin Andresen)에게 넘겨주고 무대에서 사라졌다. 그 시점에 비트코인 현상이 가열되기 시작했다. 초창기의 비트코인 중 일부는 인터넷 음지에서 사용되었다. 불법

마약 구입처로 유명한 '실크 로드'와 같은 다크넷 시장들이 결제 수단으로 비트코인을 인정하기 시작한 것이다.

그 후 몇 년간, 비트코인에 대한 인식이 확산되면서 가격 변동이 극심했다. 2011년 초 비트코인당 30센트로 시작해서 6월이 되자 30달러 이상으로 오르더니 이후에는 요동을 쳤다. 2017년 후반 19,783달러 6센트로 정점을 찍더니 2019년 초에는 4,000달러 아래로 떨어졌다.

그 사이, 채굴에 쏟는 컴퓨터 전력이 계속 증가했다. 한때 가정용 컴퓨터 CPU면 되던 것이 이내 그래픽 처리 장치로 바뀌더니 마침내 전 세계의 대규모 채굴 농장으로 이동했다. 그로 인해, 비트코인 채굴 비용도 상승했다. 2017년, 비트코인 채굴에 사용되는 에너지가 30테라와트 시라는 추정이 있었다. 이는 1년 동안 아일랜드에 전력을 공급할 수 있는 정도의 양이다. 2019년, 비트코인 채굴은 전 세계 에너지 소비량의 0.28%를 사용하고 있으며, 연간 탄소 발자국으로 치면 거의 30,000킬로톤의 이산화탄소를 배출한 것과 맞먹는다.

아래 비트코인의 가치는 변동이 극심하다. 2010년 7월에는 닷새 만에 가격이 900% 치솟는가 하면, 2019년 12월에는 24시간 만에 3분의 1로 떨어지기도 했다.

채굴을 수행할 정교한 소프트웨어와 하드웨어를 위한 선행 지출은

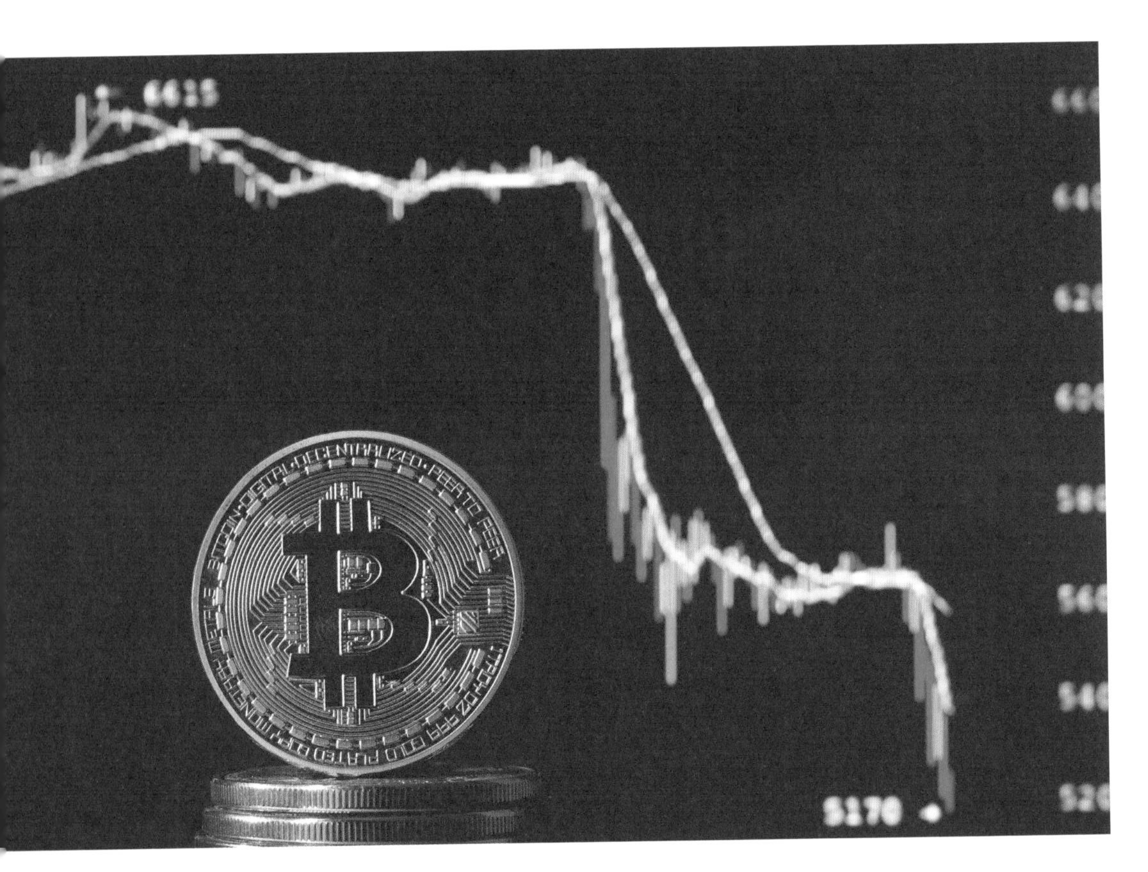

비트코인 라이트코인 리플 마스터코인

도지코인 메가코인 프라임코인 쿼크코인

네임코인 프로토쉐어 피어코인 월드코인

Nxt 인피니트코인 페더코인 노바코인

왼쪽 비트코인 외 다양한 암호화폐.

암호화폐의 단점 중 하나에 지나지 않는다. 그밖에도 암호화폐는 사기 사건에서 소비자를 보호하는 데 취약하고, 보유하고 있는 물리적 미디어(전화 회선, 동축 케이블, 광섬유 등)의 파괴, 악성 소프트웨어나 다른 유형의 데이터 손실로 인해 채굴자가 자신의 개인키를 잃어버릴 가능성이 있다.

이런 문제들이 비트코인과 다른 암호화폐의 확산을 막지는 못했다. 2018년 여름 암호화폐 전문 사이트, 코인로어(Coinlore)의 조사에 따르면 당시 1,600개 이상의 암호화폐가 존재했다. 또한, 코인마켓캡(coinmarketcap.com)에 의하면 2018년 초 세계 암호화폐 시가 총액이 7,500억 달러가 넘었다고 한다. 이 책을 집필 중인 2019년 여름, 시가 총액이 3,360억 달러로 떨어졌다고는 하나, 여전히 막대한 금액이 암호화폐에 집결되어 있다. 무려 제너럴 일렉트릭 시가 총액의 네 배에 달하는 금액이다.

사토시 나카모토는 누구인가?

'그'가 비트코인 백서를 쓴지 10년이 지난 지금, 사토시 나카모토의 정체는 여전히 수수께끼로 남아 있다. 그 이름 뒤에 감춰진 걸출한 개인이 있는 것일까? 아니면 한 무리의 사람들이 같이 움직이는 것일까? 생소한 이름 뒤에 숨은 유명한 암호전문가일까? 아니면 전혀 뜻밖의 인물일까?

우리가 아는 것이 있기는 하다. 비트코인 코드를 작성한 것이 누구든 흔치 않은 능력의 소유자라는 것이다. '그는 C++ 프로그래밍 언어에 대해 해박한 지식을 가진 세계적인 수준의 프로그래머이다.' 인터넷 보안 전문가인 댄 카민스키(Dan Kaminsky)가 2011년 한 기자에게 한 말이다. '그는 경제학, 크립토그래피, 피어투피어(peer-to-peer) 네트워킹을 이해하고 있다. 이런 일을 했던 사람들로 구성된 팀이 있거나 천재인 개인이거나, 둘 중 하나다.'

그와 같은 명성 때문에, 나카모토의 진짜 정체에 대해 누구나 추측하기 시작한 것은 당연하다. 그러나 기본적인 신원조차 확실하지가 않다. 온라인 프로필상의 나카모토는 일본에 사는 1970년대 중반 태생의 남성이지만 여러 정황을 보아 이는 신빙성이 낮아 보인다. 먼저, 2009년과 2010년에 그가 쓴 많은 게시글과 논평을 보면 흠잡을 데 없는 영어로 쓰였으며, 제네시스 블록에 〈타임스〉를 인용한 것은 그가 비트코인 발명 당시 영국 신문을 읽고 있었다는 것을 시사한다. 게다가 그의 추적자들이 그가 남긴 포럼 게시글의 타임 스탬프를 살펴본 결과, 영국 시간으로 오전 5시에서 11시 사이에 남긴 게시글은 거의 발견되지 않았다. 일본 시간으로는 오후 2시에서 8시 사이이다.

수년에 걸쳐 나카모토를 추적했지만 소용없었다. 그러자 나카모토 이후로 비트코인 소프트웨어를 사용한 최초의 인물인 할 피니에 초점을 맞춘 추측이 많아졌다. 하지만 2014년 고인이 된 피니는 자신은 정말로 나카모토가 아니라고 단호하게 부인했다. 두 사람이 비트코인 개발 초기에 주고받은 이메일 증거도 그의 부인에 무게를 실어주었다.

흥미로운 점은 피니가 살았던 곳 가까이에 실제 이름이 도리안 프렌티스 사토시 나카모토(Dorian Prentice Satoshi Nakamoto)인 남성이 살았다는 것이다. 그는 일본계 미국인 컴퓨터 시스템 공학자로 비밀 방위 프로젝트와 금융 정보 서비스 회사에서 일한 바 있다.

한 암호 커뮤니티 소식통이 포브스 기자인 앤디 그린버그(Andy Greenberg)에게 이런 말을 했다. '미국처럼 큰 나라에서도 아니고, 캘리포니아처럼 큰 주에서도 아니고, 심지어 LA 전체에서도 아니다. 조그만 템플 시티에서 [도리안 사토시 나카모토]와 할 피니가 1.6마일 정도 거리를 두고 같은 시기에 산다니(살았다니), 이런 우연이 있을 수 있나.' 피니는 '현실의' 나카모토에 대해 알지 못한다고 했으며, 나카모토 역시 비트코인에 관여한 적이 없다고 했다.

또 한 명의 유명한 후보는 닉 자보(Nick Szabo)

위 크레이그 스티븐 라이트, 도리안 프렌티스 사토시 나카모토, 닉 자보, 할 피니.

다. 그는 실리콘밸리의 컴퓨터 과학자로 비트코인의 바로 전 단계로 여겨지는 '비트 골드'라는 개념을 고안했다. 2014년 금융 전문가인 도미닉 프리스비(Dominic Frisby)는 자보가 나카모토라 '확신'할 수 있는 충분한 증거가 있다고 주장했다. 러시아 정부의 지원을 받는 네트워크, RT와의 인터뷰에서 그는 '지식의 폭뿐 아니라 전문성까지 가진 유일한 인물은 전 세계에서 딱 한 사람뿐이라고 결론을 내렸다'라고 말했다.

다른 이들과 마찬가지로, 자보는 이를 부인하며 프리스비에게 이메일을 보냈다: '알려줘서 고마워요. 나를 지목한 건 틀렸지만 말입니다. 이제 익숙하기는 합니다.'

여러 차례 부인했음에도 불구하고, 자보는 많은 이들이 1순위로 지목하는 후보다. '자보라는 이름은 6년 전 IT 매체 기가옴(Gigaom)의 비트코인 컨퍼런스를 취재하며 처음 들었다.' 포춘지 기자인 제프 존 로버츠(Jeff John Roberts)가 2018년 말에 쓴 내용이다. '예나 지금이나 암호 분야 내부자들은 자보가 나카모토라고 공개적으로 말하는 걸 꺼리지만, 사적인 대화에서는 자보가 비트코인 개발자인 것 같다고 내게 털어놓은 사람들이 있다.'

자신이 진짜 나카모토라고 주장하는 사람은 호주의 컴퓨터 과학자, 크레이그 스티븐 라이트(Craig Steven Wright)가 유일하다. 2015년 〈와이어드(Wired)〉는 라이트가 나카모토일 것이라는 기사를 작성하였고, 이후 증거의 모순점들을 간략히 설명하기 위해 기사를 업데이트했다. 2019년 4월 무렵 와이어드는 해당 기사에 편집자 주석을 첨부하며 다음과 같이 말했다. '본 기사는 라이트의 주장을 명확히 하기 위해 계속 업데이트되었으나, 더 이상 라이트가 비트코인 창시자라는 가능성을 믿지 않는다는 것을 분명히 하기 위해 제목을 변경하였다.'

2019년, 라이트는 비트코인 백서와 비트코인 코드 0.1 버전의 미국 저작권을 등록하였다. 라이트의 회사 엔체인(nChain)의 대리인은 매체와의 인터뷰에서 이번 등록은 정부 기관이 라이트를 나카모토로 인정한 첫 사례인데도, 저작권청은 저작권 관련 진술의 사실 여부조차 조사하지 않는다고 말했다. 이에 대해 저작권청은 '어떤 작업물이 필명으로 등록될 경우, 신청인과 필명 저자 사이에 입증 가능한 연관성이 있는지 조사하지 않는다'고 말했다.

암호화 없는 미래

기업들이 대부분의 온라인 데이터에 접근한다는 사실을 고려했을 때,
암호화 방식은 점차 무의미해질까?
어떻게 우리의 프라이버시를 되찾을 것인가?

미국 국가안보국, 영국 정부통신본부와 같은 기관들과 이에 해당하는 다른 나라의 기관들이 공개키 암호와 같은 암호화 방법을 해독할 능력이 있는지에 대해 우리는 걱정해야 할까? 이 기관들은 확실히 막강한 연산력을 가지고 있으며 그 능력을 이용하여 짧은 키를 가진 암호를 해독할 수 있다. 충분한 CPU 시간(CPU[중앙 처리 장치]가 주어진 작업이나 태스크를 처리하는 데 소요되는 실제 시간-역주)이 있는 사람이 암호를 해독할 수 있는 것과 마찬가지다.

이 기관들은 큰 소수를 인수분해하는 방법을 알아냈을까? 그럴 수도 있겠지만, 아직 그런 것 같지는 않다. 이들이 하는 일이 백도어를 이용해 다수의 유명한 클라우드 서비스에 접근하는 것이기 때문이다. 여러분이 온라인 사진 서비스에 저장한 민망한 사진을 기억하는가? 만약 이 기관들이 여러분의 메시지 내용을 알아야 하는 상황이 발생할 경우, 이들이 메시지에 접속하지 않을 것이라거나 메시지를 이용해 여러분을 협박하지 않을 것이라고 누가 장담하겠는가? 우리는 음성 비서(voice assistant)와 스마트폰을 도청 장치로 바꿔주는 도구가 있다는 것도 알고 있다. 그런데도 암호 해독이 필요한 사람이 있기는 할까?

시간이 갈수록 우리는 개인 정보의 많은 부분을 내주고 있다. 페이스북—케임브리지 애널리티카 정보 유출 사건과 웹상에서 증가하고 있는 과도한 개인 맞춤형 광고 덕분에, 우리가 글을 게시하거나 검색을 하면서 구글, 아마존, 페이스북, 애플(GAFA) 같은 기업에 무엇을 제공했는지 너무나 잘 알고 있다. 그렇다면 한번 생각해 보자. 우리의 개인적인 관심사와 호불호가 웹이라는 그물에 걸려들어 헤어나올 수 없게 돼버린 것일까? 무슨 일이 일어나고 있는지 깨닫기 전에 우리는 이미 해답을 알고 있었던 것일까? 누구에게나 더는 유출될 정보가 남지 않은 것일까? 어쨌든 GAFA(구글, 아마존, 페이스북, 애플)가 우리의 모든 것을 알다시피 하는 상황에서 우리가 종단

위 구글, 아마존, 페이스북, 애플(GAFA)의 로고.

간 암호화를 사용해 통신할 수 있는지는 중요하지 않은 것 같다. 이 말은, 평범한 사람이 침투성 광고의 목표가 될 수 있다는 것을 의미하기도 하지만, 좀 더 악의적인 목표를 가진 사람들을 가려낼 수 있다는 의미하기도 한다. 데이터 혼합에 활용되는 인공지능의 암시가 있다면 가능성은 더 높아진다.

월드와이드웹 발명가인 팀 버너스-리(Tim Berners-Lee) 경이 2018년 말 발표한 '솔리드(Solid)'라는 새로운 데이터 프라이버시 이니셔티브에서 미래를 엿볼 수 있을지도 모르겠다. 솔리드는 정보 통제를 GAFA와 같은 기업에서 개인에게 귀속시키며, 우리의 개인 정보와 웹에 올리는 모든 게시물에 대한 접근을 우리가 통제할 수 있게 한다.

팀 버너스-리는 말한다. '나는 웹이 모두를 위한 것이라고 언제나 믿어왔다. 그것이 나와 다른 사람들이 웹을 보호하기 위해 치열하게 싸우는 이유다. 우리가 어렵게 가져온 변화는 더 나은 세상, 더 가깝게 연결된 세상을 만들었다. 하지만 우리가 성취한 모든 미덕에도 불구하고, 웹은 자신들의 의제를 위해 웹을 이용하는 강력한 세력에 휘둘리며, 불평등과 분열의 수단으로 진화했다.'

'오늘, 나는 우리가 중대한 전환점에 다다랐으며, 더 좋은 방향으로의 강력한 변화가 가능하다고, 그리고 필요하다고 믿는다.'

용어 설명

GAFA: 구글(Google), 아마존(Amazon), 페이스북(Facebook), 애플(Appl)의 약자. 네 개의 주요 IT 기업

RSA: 개발자인 로널드 리베스트, 아디 샤미르, 레너드 애들먼의 이름을 딴 공개키 암호 방식. RSA의 보안성은 주어진 수의 두 소인수를 찾는 것이 일반 컴퓨터로는 어렵다는 사실에서 온다.

공개키 암호(PKE): 두 개의 키를 사용하는 암호 유형 – 메시지를 암호화하는 공개키와 암호화된 메시지를 복호화하는 개인키

노멘클레이터: 코드와 사이퍼가 결합된 시스템으로 이름, 단어, 코드워드 및 사이퍼 알파벳 목록을 포함한다.

다중문자 암호(사이퍼): 하나 이상의 대체 문자를 사용하여 암호를 만드는 방법

동음이자: 사이퍼에서 하나의 문자를 대체할 수 있는 다중 치환. 예를 들어, 문자 'a'는 몇 개의 문자나 숫자로 대체될 수 있는데, 이를 동음이자라고 한다.

모스 부호: 짧은 전류와 긴 전류를 이용하여 문자를 코드화하는 시스템으로 전신을 이용한 장거리 통신 수단에 사용된다.

봄브: 제2차 세계대전 기간 앨런 튜링이 독일 에니그마 기계의 설정을 해독하기 위해 고안한 기계

비트: 2진수에서 정보의 기본 단위

비트코인: 가장 많이 사용되는 암호화폐

빈도 분석: 특정 문자가 하나의 암호문에 등장하는 빈도를 평문에 등장하는 일반 빈도와 비교하는 기법

사이퍼: 원문의 문자를 다른 문자로 대체하여 메시지의 의미를 숨기는 방법. 코드와 달리, 사이퍼는 원래 단어의 의미를 고려하지 않는다.

사이퍼텍스트(암호문): 주어진 메시지에 사이퍼를 적용하여 나온 텍스트

스테가노그래피: 비밀 메시지의 의미를 숨기기보다 메시지의 존재 자체를 숨기는 기술

안전한 해시 알고리즘(SHA): 일정하지 않은 길이의 텍스트를 압축하여 표준 길이의 메시지 다이제스트로 생성하는 암호화 방법

알고리즘: 크립토그래피의 맥락에서 메시지 암호화에 사용되는 일반적인 절차를 말한다. 특정 암호화의 세부 사항은 키로 설정된다.

암호(화): 코드화(메시지를 코드로 변환)와 사이퍼화(메시지를 사이퍼로 변환)를 포함하는 용어

암호 분석: 구체적인 암호화 방법에 대한 정보 없이 암호문(사이퍼텍스트)에서 평문 메시지를 알아내는 기술

암호화폐: 중앙은행과 무관하게 운영되고 암호를 사용하여 안전하게 결제가 이루어지는 전자 화폐

양자 암호(크립토그래피): 확실한 도청자 감지를 위해 양자 역학의 속성을 이용한 암호 시스템

양자 역학: 미립자의 움직임과 상태를 설명하는 물리학 분야. 고전 물리학은 물질이 특정 시간, 특정 장소에 존재하는 원자와 전자의 규모를 다룬 데 반해, 양자 역학에서는 물질이 끊임없이 움직이기 때문에 고정된 위치에 있지 못한다.

양자 컴퓨터: 입자의 양자 역학적 특성을 활용하여 정보를 양자비트, 즉 큐비트로 처리하는 컴퓨터

이중음자 치환: 문자를 개별적으로 치환하지 않고 두 개씩 치환하는 것

인수분해: 주어진 숫자를 나머지 없이 나눌 수 있는 정수를 찾는 과정

자동키 암호(사이퍼): 평문 메시지가 키에 통합된 사이퍼 암호

전치 암호(사이퍼): 메시지의 문자들을 메시지 안에서 재배열하되, 문자의 정체성은 그대로 유지하는 시스템

치환 암호(사이퍼): 메시지의 각 문자를 다른 기호로 대체하는 시스템

카이사르 이동 암호(사이퍼): 메시지의 모든 문자가 알파벳에서 정해진 자릿수만큼 이동하여 그 자리의 문자로 대체되는 암호

코드: 원문의 단어나 구를 목록에 있는 다른 단어, 구, 기호로 대체하여 메시지의 의미를 숨기는 방법

큐비트: 일반적인 비트가 한 번에 0이나 1 중 하나의 값을 갖는 데 반해, 큐비트는 동시에 두 개의 값을 취할 수 있다.

크립토그래피: 메시지의 의미를 감추는 기술

키: 사이퍼 알파벳에서의 문자 배열과 같이 특정 메시지의 암호화 방식을 구체화하는 지시어

편광: 횡파의 진동을 전체적으로 또는 부분적으로 한 방향으로 제한하는 작용

평문: 암호문으로 바뀌기 전의 메시지 텍스트

폴리비오스 암호표: 알파벳을 표에 나열한 후, 메시지의 각 문자를 암호표 속의 위치값으로 대체하는 암호

프리티 굿 프라이버시(PGP): 컴퓨터 암호화 알고리즘

해독/복호화: 암호화된 메시지를 원래의 형태로 돌리는 것

해싱: 어떤 크기의 데이터도 고정된 크기의 데이터로 변환해주는 프로그래밍 함수

찾아보기

*이탤릭체로 된 페이지는 이미지 참조

참고 도서

Annales des Mines. French mining journal detailing the life of Georges-Jean Painvin.
Bauer, F. L., *Decrypted Secrets,* Berlin: Springer, 2002.
Calvocoressi, Peter, *Top Secret Ultra,* London: Baldwin, 2001.
Carter, Frank, *The First Breaking of Enigma*, The Bletchley Park Trust Reports, No. 10, 1999
Deutsch, David, *The Fabric of Reality,* London: Penguin, 1997.
D'Imperio, M. E., The *Voynich Manuscript: An Elegant Enigma*, National Security Agency: 1978
Gallehawk, John, *Some Polish Contributions in the Second World War,* The Bletchley Park Trust Reports, No. 15, 1999
Kahn, David, *Seizing the Enigma,* London: Arrow Books, 1996.
Kahn, David, *The Code-Breakers,* New York: Scribner, 1996.
Levy, David, *Crypto,* New York: Penguin, 2000.
National Security Agency, *Masked Dispatches: Cryptograms and Cryptology in American History,* 1775–1900, National Security Agency: 2002
National Security Agency, T*he Friedman Legacy: A Tribute to William and Elizabeth Friedman,* Sources in Cryptologic History Number 3, National Security Agency: 1992.
Newton, David E., *Encyclopedia of Cryptology,* Santa Barbara, ca: abc-Clio, 1997.
Rivest, R., Shamir, A., and Adleman, L., 'A Method for Obtaining Digital Signatures and Public-Key Cryptosystems' in *Communications of the A.C.M.*, Vol. 21 (2), 1978, pp.120–126
Singh, Simon, *The Code Book,* London: 4th Estate, 1999.
Wrixon, Fred B., *Codes, Ciphers and other Cryptic and Clandestine Communication*, New York:
Black Dog and Leventhal, 1998.

사진 출처

Alamy: pp. 40, 53, 164, 179, 185; Richard Burgess (illustrator): pp. 25, 38, 39; Science Photo Library: pp. 103, 106, 146, 148, 150, 153, 155, 160; Getty Images: pp. 15, 41, 46, 47, 60, 62, 64, 77, 86, 88, 95, 109, 110, 118, 126, 131, 141, 143, 166, 170, 177, 180; Rex Features: pp. 85, 124, 125; Shutterstock: pp.163, 169, 181; TopFoto: pp. 29, 98, 101, 114, 115, 123, 124; Mary Evans Picture Library: pp. 28, 65, 67; Science & Society Picture Library: pp. 69, 99; The Art Archive: pp. 21, 22, 26, 35, 44; Beinecke Rare Book and Manuscript Library: pp. 50, 51, 52; Photolibrary: p. 10; National Security Agency: p. 79